聽松文庫
tingsong LAB

编者序

日本建筑设计师长坂常，之前以看似只完成了一半设计的"Sayama Flat"作品在日本建筑设计界显露头角，后以一铺小小的米屋"KOMEIYA"改变了一条街的设计声名鹊起。再后来更是承揽了日本国内所有蓝瓶咖啡"BLUE BOTTLE COFFEE"的设计，广为人知。此后，项目越做越多，长坂特色的似未完成已完成的样式，在追逐各种精致的日本建筑界，独树一帜。

日本"HOUSE VISION"展筹备期举办的第一回论坛，是在东京青山学院的新礼堂举办的。建筑设计师隈研吾、伊东丰雄、藤本壮介们演讲的建筑作品都既宏伟又精致。轮到长坂常演讲时，他展示的是一张桌子的小设计，设计制作完成的桌面状态是一半旧材一半新料，从桌面上可以清晰看到新树脂材料和旧木材拼合在一起，但长坂常在演讲里从头到尾谈的却是关于旧建筑改造、新建筑创造的大问题，让听者耳目一新。

之间，通过闲聊，知道长坂常已经出过两本小书，笔者在边上的青山书店里找到了，站着粗粗翻读，觉得此人设计立意不凡。隔日，一早，笔者又去书中着力介绍的"KOMEIYA"米屋实地看了看，实物建在一条不大的社区商店街里，建筑体量很小。出色的是长坂常的设计想法卓尔不群，旧建筑拆一半留一半，留住的是流逝的念想时光。设计执行的手法很踏实还不失细节，多一半老木材小一半清水泥，无缝对接，实物比照片要精致得多，整体的完成度很高。

好朋友土谷贞雄牵了线，约了我和长坂常去他的事务所看看。大家坐下来，闲聊了一会儿，气氛不太冷也不太热倒还算是投缘，于是，聊到出本中文版的书。一开始，长坂常以为是要买版权直接翻译出版，我就先表明不是要买已经出版了的书的版权，随后告诉他听松文库的选题方向是：合作的作者必须是在一线从事创作设计同时又具有一流理念支持的现役设计师。听松文库想要做的是：把一位设计师的活生生的思考和创作的状态通过出版物呈现出来。所以，宁可花点时间，也要从头编辑。长坂常听了之后很开心，马上就答应了说他先开始整理资料，但需要一些时间。

话题围绕着"那么做本什么样的书呢"开始热络了起来，首先确定了体裁，是要做一本可以读进去的文字书。然后，土谷说建筑设计师私下里聊天的状态会比较放松，内容生动也容易听懂，容易被理解，长坂常听了也认可，这样就把部分文字采用长篇对谈的呈现方式确定了。

聊着聊着，不经意间，长坂常说他在中国和韩国有个同时在进行的改造项目，是日本设计推广人长冈贤明输出在中国安徽黄山脚下村庄里和韩国济州岛上的民宿。土谷听了很兴奋，说想问问长冈贤明怎么突然想做民宿了，还想问问他为什么找长坂常来做改造设计。能听听第三者角度的叙述是有意思的事，我就提议把这部分内容也收进书里，这样又把加入土谷和长冈的对谈内容确定下来了。给长冈打了电话说明了情况，土谷自己和长冈确定了见面对谈的时间。现在想想，那晚的工作效率还是蛮高的。

第二天一早，长坂常让他的助手把刚在荷兰出版的作品集送到了我的住处，附着一张"请先看看我的作品吧，或许有用"的纸条。那一年是2015年。

其间，文字改改写写，图片挑挑换换，不少曲折，好事多磨。

现在，这本书终于到了付梓的时候，长坂常说他很期待。听松文库其实也很欣喜。

Japanese architectural designer Jo Nagasaka caught the Japanese architectural design world's attention with his seemingly half finished work named "Sayama Flat". Later, Nagasaka transformed the design of the whole street with his architectural work of a small rice shop named KOMEIYA and rose to fame. After that, he became widely known after contracting the design of all the "BLUE BOTTLE COFFEE" shops in Japan. Since then, more and more projects have been completed; whereas the majorities are chasing after exquisiteness, Nagasaka's seemingly unfinished style has become a unique signature of his own in the Japanese architectural circle.

The first forum held during the preparation phase of Japan HOUSE VISION Exhibition took place in the new auditorium of Aoyama Gakuin University in Tokyo. The architectural works presented by the renowned architects Kengo Kuma, Toyo Ito, and Nakamoto Fujimoto are both magnificent and exquisite. When it was Jo Nagasaka's turn, he showed his design of a small table. The finished appearance of the tabletop was half old material and half new material, which the adhesion of new resin material and the old wood could be clearly seen. However, from beginning to end, Nagasaka's speech was focused on greater issues of the transformation of old architectures and creation of the new, which was truly refreshing.

Through chatting with friends during the event, I learned that Nagasaka had published two books. I found them in the Aoyama Gakuin bookstore on campus and browsed through them as I stood there, thinking that the design concept of this man was extraordinary. The morning after the next day, I went to see the actual KOMEIYA rice shop which was emphasized in the book. The shop is built in a small community store street, the size is quite small. What's outstanding is Nagasaka's marvelous design concept. Half of the old building was demolished leaving half remaining, keeping in time that has passed by. The execution of the design is very practical without losing details. The materials, which are composed of half old wood and half cement, are clean and seamless joint. The actual building is much more delicate than in the pictures. The overall level of completion is very high.

A good friend of mine, Tsuchiya Sadao, became our bridge by inviting Nagasaka to visit his office. We sat down and chatted for a while. It felt nothing too distant or close, but a sense of congeniality. So, we talked about publishing a Chinese version of his book. At first, Nagasaka thought I wished to buy the copyright of an existing book and translate to publish directly. I quickly expressed that such was not my intention and explained to him the purpose of tingsong LAB: the authors we collaborated with were all actively participating in creative design while their works were supported by first-class concepts. What tingsong LAB wanted to achieve was to publish books that presented the designers' lively state of thinking and creation. So even if it meant spending more time, it would be better to re-edit all the content. Nagsaka was very excited after hearing this and immediately agreed to start organizing the materials, but it would take some time.

The atmosphere warmed up as we chatted around the topic of "what kind of book shall we create". First we determined the content form, which was to make a text-based book that was easy to read. Then, Sadao mentioned that generally architectural designers would feel more relaxed in a private chat setting, the content of the conversation would be more vivid and easy to follow and understand, Nagasaka agreed with him, so we determined to present part of the content in the form of long dialogue.

As we continued to chat, Nagasaka mentioned inadvertently that he had a renovation project that was ongoing simultaneous in China and South Korea, which were home stays designed by Japanese design promoter Nagaoka Kenmei located in the foothill village of Mount Huang in Anhui Province, China, and on Jeju Island in South Korea. Sadao was very intrigued and said that he wanted to ask Kenmei why he suddenly wanted to do a home stay project and why he chose Nagasaka to handle the renovation design. It's often interesting to listen to a third party's narration. I suggested that this could also go into the book, therefore the content of the dialogue between Sadao and Kenmei was also determined. Sadao called Kenmei to describe what we wanted to do and set up an in-person meeting time. Now thinking back, we seemed to have had a quite productive evening.

Since then, on and on text has been written and rewritten, photos has been picked and changed. The project has gone through many ups and downs as all good things are a long time in coming.

Now, finally the book is ready to be put into print, Nagasaka says he is very much looking forward to it. In fact, tingsong LAB is also full of gladness.

长坂常 | 何为半建筑

在丰富的城市活动中，我对既非家具又非建筑的领域产生了特别的兴趣。

具体来说，那是一个全新的领域，而这一领域存在于用户可以自己自由移动和组装的家具与只有土木工程公司等专业人士才能建造的建筑之间的缝隙里。

我想如果提出一种既不完全受专业人士把控，也不完全由用户掌控，而只能由该空间的管理者进行控制的理念，那么是不是有可能设计出更具活力的空间呢？

这想法是受了欧洲城市规划和维护方法的启发。欧洲历史悠久，为了维持城市的历史景观，很多地方都不允许对建筑进行翻新改造。欧洲人有旧物再用的习惯，他们会把废弃在室外的厚重绿植、废置的家具搬回家改造再使用，在一些公共的空旷区，利用地面上一些既有的孔洞空间，撑起帐篷，形成人们可以欢聚的市集空间。这其实已经属于对既有空间的再规划、再设计和再使用的概念范畴了。

如果将这种概念从室外更广范地应用扩展到室内的商铺等公共场所，打破室内与室外之间的边界，那么一定会激发人们更强的使用积极性，城市的活力也会大大加强。

具体来说，我的设计就是在做一种类似托盘的承重装置，上面安装有叉车用孔洞，只要配备手摇起重机便可以移动；还有一种就是类似螺杆孔及横木等的预先在建筑体上设计好的简单节点，方便非专业人员操作。我们将具有这种效果的装置称为半建筑，它是一种可以激发人们活动的体系。

最近武藏野美术大学的校园设计中便应用了这种半建筑体系。虽然学生并不是管理员，但是对于艺术类院校的学生来说，比起被规制好的空间，他们更倾向于自发地营造空间，他们天生具有创造更理想的工作环境的属性。为了激发学生们的活动，这种半建筑体系也被列入了设计规划之中。

土谷贞雄 | 半建筑存在于建筑和家具之间

[编者按]　土谷贞雄是日本都市生活研究所所长。之前参与主持了"无印良品之家"及无印良品"生活良品研究所"的立项企划、运营。2011 年与日本设计师原研哉共同创建了"HOUSE VISION"项目，旨在向世人介绍新形式的住宅研究及相关信息。土谷贞雄同时在日本国内和中国调研各种和住宅相关的生活样式。

长坂常的"半建筑"，指的是"存在于建筑与家具之间的事物"。

我们可以把"半建筑"理解为能够自由摆放家具、专为家具设计的"公共基础设施"。

长坂常想要设计的是一种能够促使用户积极参与的机制，它既不属于建筑也不属于家具，是介于建筑和家具之间的、帮助用户更为自主地确定家具的摆放位置，或者打造不属于家具的可移动物体。我问长坂，现在最感兴趣的项目都有哪些，他给出的回答是"想要设计一座小岛"，想要从零开始设计、建设一座小岛。听到这个答案其实不觉得意外，长坂常感兴趣的是，如何去设计构成建筑的文脉，这已经超出建筑本身的范畴了。如果说半建筑指的是存在于建筑与家具之间的事物，那么设计小岛这件事，体现的就是长坂常对于环境与建筑之间关系的兴趣吧。环境与建筑之间的这层关系，于他而言，并不是一种抽象的概念，而是有所指，它指的就是公共基础设施。当公共基础设施得到完善，人们的行动将随之产生改变，或者更愿意主动参与。他举了巴黎的市集作为例子来解释这一看法：节假日里人头攒动的市集摊位，是由市政人员在清早很短的时间内批量搭建起来的。这是因为路面已经事先挖好了无数的洞，只需将铁棍插入即可简单搭建起摊位。另一个例子：巴黎的广场上会摆放一些能够用手动液压车搬运的混凝土长凳。这类无法徒手搬动、需要借用工具力量才能挪动的设计，使得公共广场的家具得以快速被生产出来。前面例子中提到的"路面的孔洞""道具"都是公共基础设施，同时也是"半建筑"。在构思小岛设计的时候，长坂常关注的应该是，人们沿着什么样的动线行动、生活，或者人们的动线如何变化。而促使人们的行动产生变化的公共基础设施，才是他的兴趣所在。距离令人意外的"Sayama Flat"发布时间已有8年，这个做减法多于做加法的项目，也是在提示人们去关注，住户与建筑物之间会产生什么样的关系。作为对长坂常一路走来的轨迹以及未来展望的一份记录，在中国出版的这本书是具有重大意义的。经历了近10年飞跃发展的中国，经济发展增速逐渐放缓，与此同时，建筑的意义不再仅仅表现在制造人类居住的空间，它也越来越需要我们更多地思考人与建筑之间的关系。希望这一本书的出版，能够成为一个契机，激发各位对于中国未来的建筑形态以及建筑师所应保持的姿态的探讨。

小矶裕司 | 半建筑是对日常生活的新诠释

[编者按] 小矶裕司，是生在东京长在东京的地道东京人。自从多摩美术大学设计专业毕业后，30 年来一直供职于日本设计中心，现在是日本设计中心的创意总监。多年来，小矶裕司一直以设计者的眼光和角度，默默观察和记录着东京的变化，著作有《说说我的设计私想》《日本人不敢说设计》。

我并不是建筑设计专家，因此在长坂常的工作领域中并无高深造诣。但是从某种意义上来说，我与长坂同为都市文化设计工作者，斗胆在此谈谈我对长坂常所从事之事业的一点拙见。或许本文对于长坂常的认识过于片面，但我并不想擅自揣测一位建筑师的想法，也不想在此基础上进行过多阐释，只希望以一位旁观者的身份，单纯地讲述自己的所见所感。

当我初次接触到长坂常的"Sayama Flat""奥泽之家"等作品时，便不由得想起了学生时代见过的某个艺术作品。回想起来那已经是 30 多年前的事情了，当时正值 1980 年代末期，东京的某条街道上突然出现了一处实验性质的艺术作品，但很快就悄无声息地消失了。我已经想不起来这件作品及其设计师的名字，甚至在互联网上也早已搜索不到任何线索。它就发生于东京外苑西大道附近的一条普通民居小巷，某处古民居的拆除工地之中。该古民居建造于昭和二十至三十年代，看上去应该是一家小规模旅馆或出租屋，屋顶表面以日本瓦覆盖，采用传统的木质结构，是一座二层独栋建筑，平凡无奇且陈旧不堪，像这样的建筑在当时的东京街道上并不少见。经过一段时间的拆除，房屋的外墙已经损毁过半，原本从外部无法窥探到的铺有榻榻米的起居室、壁橱、游廊等由于断面完全暴露在外，一度极其隐蔽的柱子、房梁、顶棚内已经腐朽的桁架也从外墙的间隙中探出头来，处于"半坏"状态，无人问津。与此同时，拆除用的铁制脚手架将民居团团围住，铁管在空中交错，将建筑物断面连接起来，另外还铺设了透明强化玻璃充作"通道"之用。来到这里的人，可以沿着透明玻璃的立体通道观赏一番，或是仰视、俯瞰这处被拆毁的民宅，或是深入内部，从各个角度近距离品鉴。当然，这样的建筑拆除工地在当时的东京街头并不稀奇，但通常都被施工用的遮蔽物遮挡，即便有部分工地展露在外，大家也只是将其看作普通的拆除工地，纷纷视而不见，这些所谓的风景也就在不知不觉中消失了。然而特意铺上"观赏装置"后，尽管这些透明玻璃看起来有些不协调，但这个半崩坏的建筑却因此得以摇身一变，以一个倾诉者的姿态出现在大众面前，仿佛在向我们诉说着一个复杂的故事。这让我们不禁感悟到，建筑物经过岁月雕琢之后，身上所有的细节部分都拥有自己的表情，也因此化为一个独特的生命体，尽管它的创造者是人类，却有着自己的生死法则，且无关于人类的意志。因此当我看到建筑物残破的断面时便联想到了一只内脏外露的体型巨大的野兽，而那划破长空的古老的横梁正像是它破碎的肋骨。这种玻璃制的鉴赏装置本身仿佛是一个手术台，我们可以看到一只垂死的野兽伏在台上，正在静静地化为一具冰冷的尸体。

日本在历经了20世纪80年代末，以及之后90年代初的泡沫经济崩溃之后，便进入了漫长的寒冬时期，整个社会都被沉重压抑的气氛所笼罩，这一时期被大家称为"失落的20年"。而这种毁灭性的呈现可能恰恰将那个时代人们面对前路未卜的将来所感受到的不安全感，以及面对经济高速发展过程中创造出来的虚幻而美丽的街景所感受到的欺骗感完全表现在了城市之中。它所呈现出的是在城市日新月异的新陈代谢过程中，不受人类肆意控制的街景变化，以及与人们审美格格不入而被视而不见的风景。若用经济高速发展时期的价值观进行审视，我们会认为它肮脏、令人不快、一文不值。同时还是危险的、不祥的、禁忌的。但它是我们日常生活"真实面貌"的一部分，也理应是我们司空见惯的现象。当我们看到这样的风景突然出现在我们眼前，仿佛在告诉我们它原本就是美好的、优秀的、值得品鉴的，这时很多人都会感觉到胸膛内隐隐刺痛，仿佛在扑朔迷离的闭塞空间内照进了一缕光线。这一艺术作品让无数人瞬间兴奋起来，却在短短两周之后销声匿迹。

当我看到长坂常的"Sayama Flat""奥泽之家"时，我感到的精神冲击与曾经的那一处艺术作品所带给我的感受是完全相同的。然而所谓艺术，就是在一定的时间、特定的领域内带给人知性上的兴奋感，从而表现出一定的存在价值，换句话说，它是一种傲慢且不负责任的存在。但是长坂常的作品并不是"艺术作品"。这些建筑物天生便被赋予了追求实用性、方便人们的居家生活、随日常生活需要而变化的使命。所以当我看到肩负重任的建筑设计领域出现这样发人深省的建筑，我惊叹不已。不难想象，在这些建筑作品的背后，不仅有建筑师的想象力、执行力，还有包容逐渐成长起来的整个日本社会的这一诉求。前面提到的艺术作品的价值也只能被一部分狂热的艺术爱好者、美术类学生所认可，充其量只能算作是一种小范围的、暂时的现象，当然我们也不能否认它的另一侧面，即它并非以转变价值观为目的，只不过是一个狡猾的手段而已。社会上大多数人仍然在用美丽的谎言掩盖日常生活中的种种不和谐因素，仍在建造一座座如恐龙般巨大的纪念碑，他们认为这些事情才是人类创造性的大势所趋。但是在之后漫长的缓慢发展时期人们才开始渐渐意识到，美丽的谎言并不能为自己带来理想的生活。此外他们也开始转变思想，认识到改变自己日常生活的方法并非只有一种，还需要自己去探索去发现。而站在创造者的立场上，我们会思考，在面对这个已经足够壮大、足够完善的世界时，我们该如何守住自己的理想，答案就是我们需要自发地从条条框框中脱离出来，重新进行诠释。当初走投无路勉勉强强踏上的这条道路，如今却意外顺应了时代的需求，成为了主流。在漫长的经济寒冬时期，从这层意义上来说这样的结果也未必不是一大幸事。在我们一点一点摸索着学习如何对日常生活做出全新阐释的过程中，我们确实已经"长大"了一些。而且我们也已经可以在脑海中想出，接下来该用何种方式将世界打造成想象中的模样。30年前，价值观的解放只能以瞬时精神爆发的形式出现，如今却仿佛已经扎根于我们脚下的土地，更加贴近我们的日常生活。从这一层面来说，尽管长坂常的部分作品表面上看起来天马行空，甚至像设计师主导的某种离奇的游戏，实际上是在寻找未来建筑设计"真正应该做的事情"是什么，是在摸索方向。我们必须予以关注，因为他给予我们的并不是一个抽象的概念，而是以极为具体、方法论的形式呈现在我们面前。

但是或许正因为如此，不管是不是建筑师个人有意为之，我都能从长坂常的作品中感受到某种"诗情"。比如在"OKOMEYA"这一设计中便可以略知一二。街道中最普通不过的老旧私人商店仿佛被施加了现代化修复的魔法一般。商业区经过长年烟火熏染的小巷子与之形成了鲜明的对比，这充满野心的作品就出自长坂常之手。与此同时，长坂常以写实手法把隐藏在其背后的日复一日循环往复的平庸时光，与终将走向没落的街道以及人的宿命挖掘出来，呈现在众人面前，让人不禁感到长坂常将"平庸深处隐藏的忧伤"进行了具体化，这是何等的"诗情画意"。这种贴近平庸之中的忧伤的想法，会让世界稍微地接近我们理想中的样子。

第一章

B 面变成 A 面之时

多重性

"多重性"。

这是建筑师堀井义博在个人网站中评价"奥泽之家"时用到的词语。

我经常会用到"信息量大""多元化""多视角"这些词语，但是我觉得"多重性"一词更帅气，所以想借用一下。

仔细想想，重塑"多重空间"似乎也是个奇怪的话题。我最近确实对这一类问题比较感兴趣，但认真想一下，其实在我们四周的本来就已经是一个多重性的空间，只是我们一直将设计这一课题理解为"把多重改为单重的行为"。举个简单的例子，我们可以把眼前的东西当作要出现在影片中的场景。如果是毫无计划地进行拍摄，那么画面中会出现各色故事的片段。当然，我们可能分辨不出每个片段的具体内容。但是，一旦我们在拍摄前产生了"能让看客看懂一点也行"的"邪念",那么至少我们可以清楚地描述出一个明快的故事片段,当然这还要视我们的技术能力。

因此,多重性建筑也不是什么了不起的东西,在旧改项目中更是如此。已有的建筑本身已经是一个多重性的存在,我们要做的事情反而类似于间苗。只不过于我而言,决定采用何种间苗方法就是在做设计,而"Sayama Flat"中,我还在设计中做了尝试,即间苗之后,重新构建被保留下来的元素之间的关系。当然"奥泽之家""元山町的房间"也是这么做的。

我经常将其比作"涂鸦"。打电话的时候会用铅笔在纸上随意写写画画。那时候,脑海里完全没想过要画什么,更没有完成图。总之就是不能让笔停下,而且当我回看自己画下的线条时,也会感觉心情舒畅。有时会在某个不经意的瞬间发现其中蕴含了某些暗示,让我看出来自己具体画的是什么。那时的铅笔才能画出我真正想要的东西,我也会被画出来的图像所影响。

Title　2009　|　"HAPPA HOTEL"

在共享办公室"HAPPA"做了为期一个月的展示——在日常办公空间做出了一个可以住宿的空间。在考虑员工回家之后的安防措施之时，觉得最重要的是把办公室和卧室区分开来，碰巧落地窗里还保留着旧的卷帘门，于是用这个空间做出了"客房"。

Title   **2010** | " **LLOVE** "

可以住宿的展示作品。为纪念日本与荷兰建交 400 周年，由 4 组日本建筑师和 5 组荷兰设计师设计而成。

Title   **2012** | " **TODAY'S SPECIAL Jiyugaoka** "

˝311˝大地震之后，整个社会的价值观产生巨大转变，店铺的形态、空间质感也随之产生变化，开始追求本质。本设计方案尽可能地去掉了不必要的装饰，充分体现出光线、开阔感等常见的元素。

"Sayama Flat"

这个项目的内容是对地上7层的一整栋集体住宅楼进行改造。从新宿搭乘西武新宿线，40分钟后到达狭山市站，再走13分钟就能到达项目所在地。该住宅楼建于30年前，属于家庭居住用的公司集体住宅，包括30套LDK型的房屋。因为这一住宅位于远郊地区，所以最初我的提案已经非常保守，提出了每套300万日元的预算。但是针对这一提案，N社长亲自来到"HAPPA"，问我"能不能控制在每套100万日元？"当下我还在犹豫应当如何作答，没想到N社长非常直白地说道："建筑师们都太狡猾了。自己的事务所都做得很有意思，而一旦给别人做就变得谨慎，预算也变高了。"听了这句话，我开始对那个未知的世界产生了好奇，竟然鬼使神差地应承了下来。只不过我们也提出了交换条件：不画图，不会事先确认［汇报方案］，只做4套房。到了具体的设计阶段，我们尝试不做新设计，用做减法的形式对空间进行改造。至今为止我们都将日式房间、西式房间、卧室、餐厅视作家庭用LDK型房屋的一部分，而在这次项目中，我们将其中用到的材料逐个剥离，把整个房间当成部品的集合，重新构建。而且，我们需要将其30年来的用途彻底忘记，找回主体本身的状态，因此在拆解过程中尽量清除一切障碍物，让光线充满整个房间。

在这个过程中，被保留下来的部分产生了新的秩序。当我注意到这一新秩序时，我们脑海中各个房间的最终形态才开始逐渐清晰。在此之前，我们都尽量不让自己去设想最终效果如何，我们面对的是各个独立的部分，于是我们才能从LDK的结构中解放出来。让人感到吃惊的是，之前我们感到"棘手"的橱柜、拉门等部分，由于周围的情况发生了变化，在新构建的关系中逐渐体现出它们的必要性。真是一次无比新奇的体验。

通过这一项目，我们对这个城市的看法确实发生了改变。即便仍然是坐车或骑自行车出行，我的视野却明显得到了拓展。以前我们总是在不明不白的状态下进行取舍和选择，总是时刻以呈现富有设计感或历史价值的东西为前提，用约定俗成的视角观察着这座城市中的一切事物。但是通过这个项目，我开始注意到了除此以外的可能性，看东西时的偏见也慢慢消退。甚至当我看到某样东西时会想"眼前的东西真的不够酷吗？"我也会发挥大胆的想象，去观察那些一直以为不会外露的东西，这个过程让我觉得很有趣。

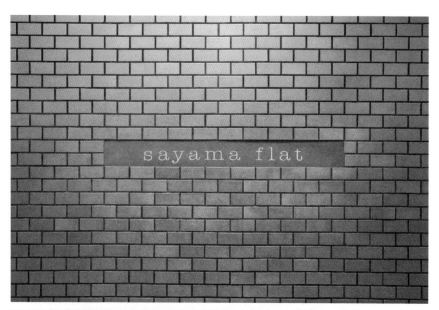

Title **2008** | " **Sayama Flat** "

一般来说，进入独立浴室的人可以拥有私人的时间和空间。但是当墙壁被拆掉，露出一体式卫浴的时候，浴室里人的存在感突然就不再微弱了。

上 | 第一次在设计中使用环氧树脂地坪。

下 | 只剩下推拉门，也不影响美观。

收纳柜只留下门框部分，在这个项目中，它被称作「隔断」。

通常日式房间和西式房间之间是通过客厅联系的。当整面墙被拆掉，两者之间的关系便产生巨大转变，日式和西式之间只隔着一层薄薄的墙。

关于奥泽之家的随笔

01 小夫的家

委托人是位 27 岁的年轻人，单身。

身高应该有 190 厘米左右吧，开着宝马 7 系英姿飒爽地出现在工地里……眼前的车确实是 7 系，只不过后备箱里有个用绳子捆住的木箱，车刚停下，身穿白衬衫和金属链短裤、脖子上戴着方巾的大个子青年就晃荡着钥匙从车上下来，随后出现的是分别穿着粉色和淡草绿色 POLO 衫的两个小哥。

虽然没有听到"啊哈哈哈哈"的笑声，但那豪爽的样子真的和他父亲是一个模子里印出来的。从打招呼的音量判断，就知道谁是委托人了，跟着他过来的两个人，应该是前天晚上到他家喝酒，顺便跟过来看房子的吧。只不过没想到的是，对于我们提出的问题，三个人竟然给出了不同的回答。难道这三个人要一起住？我们从来没有接触过这样的委托人，刚开始还觉得有点困惑。后来每次开会，委托人都会带一个朋友过来，有时是女生，有时是男生，会议过程中偶尔也会问问他们的意见。渐渐地，我们也习惯了这样的模式，而这种开放的感觉也潜移默化地反映到了设计方案之中。

回到看房子这件事。这栋建筑在半地下的空间做了车库和仓库，其上是木结构二层住宅。外墙贴了红色的砖块，门、户外照明用的都是建材目录上被归类为"融合欧洲传统美感、优雅又高贵"的装饰。进室内一看，夸张的豪华装饰更是随处可见，并且都不重样。原本听说房子是木结构的，看到宽敞的无柱客厅时，恍惚间以为是"钢结构"，外墙上的女儿墙又让我心生"难道这是钢筋混凝土建筑？"的疑惑。总而言之，这栋建筑从外观看根本想象不到它的内部是什么样子的，是我们常说的"纸糊建筑"。后来我想起来，还是小学生的时候，我们会充满艳羡地把这种有钱人家的房子称为"小夫的家"。如今，当我看到脱掉外壳的"小夫的家"，内心的感觉就好比看到了被弃用的假发。尤其是桑拿房令人大跌眼镜的廉价感觉，让我惊呼"居然是这样子的"。"青山 | 目黑"画廊的青山和我一起看完这栋"小夫的家"，说了一句"没有深度的奢华"，在我看来是很精准的形容。

隔了一段时间，从记忆中消失的"小夫的家"突然成了设计的对象，那种"没有深度的奢华"也突然成为近在眼前的问题。参观房子之前听说是一栋"位于奥泽的洋房"，特别期待"第一次给值得留存的建筑物做改造"，也因为如此，参观完之后我受到的打击也很大，甚至觉得"大雄的家比它好太多了吧"。就在那时，委托人提出"我想上去屋顶，可以帮我设计楼梯吗？夏天的时候在外面喝喝啤酒，一定会很舒服"。对此，我 [无暇顾及] 机械地回答道："哦，加个楼梯应该没问题的"。然后在离开之前，我回头望了望这栋建筑物，原以为它的屋顶是平的，没想到它竟然带了三角顶。"这屋子到底哪一部分才是真实的？！"一边这么想，一边不自禁地开心了起来。随后，我开始对没有发现这些细节就决定购买、不拘小节的委托人产生了兴趣。

02 外墙的改造

长期以来，我都在研究如何改造外墙。

这是因为外墙并不像装修那样可以简单剥离，很难在旧改的时候做减法。木构、钢构这种框架结构还能勉强调整一下开口的位置，而钢筋混凝土等结构却相当难。因此"旧改"这个词放到外墙身上，只能是"涂"白或者"贴"外墙板之类，与翻新无异。我自己也曾有过几次机会得以设计到外墙部分，但因为预算方面的问题，至今还没有实打实地做过外墙的改造，所以在外墙这一块，也只是做出类似改墙纸一样的设计。

而这一次，委托人从刚开始的时候就特别交代，"希望你能想想办法整一下外墙，花钱也没关系"，我因此得到了大胆尝试外墙改造的机会。然而，可以做到的事情还是很有限。为此，我们用模型做出了几种设计：联系内外空间的中间地带；在外墙上挖洞，改变其形状；将部分外墙换成玻璃等透明的素材，露出木架结构；故意在显眼的位置把砖块全部敲掉；在墙上开很多个与红砖不搭调的窗子；有一次甚至把女儿墙拆掉。在这个过程中，我们试图去掉这种"没有深度的奢侈"，替换成其他的风格。但是，设计出来的几种方案都是只对现有的风格作出添加或者删减，没有办法完全抹去它的影子。

于是我们决定暂时忘掉建筑表面，通过对周边的观察来找到确定建筑形态的元素。首先，我们把四周的围墙敲掉，统一高度，再把凹凸不平的地方修整一番，使整个院子的平面尽量接近几何形体。之后，我们把建筑物以及周边既有的暧昧不明的关系划分成"周边""内院""建筑物"三大块。通过这样的梳理，"建筑物"成为了单纯的存在。

当"建筑物"的轮廓变得清晰之后，我们再次对外装发起挑战。只是，那时候我们不再考虑如何对外墙素材进行增减，而是考虑改变对于素材本身的看法。方案其中当然包括用"掩盖素材颜色"的白色进行涂刷的选项，不过这种方法我们尝试过很多次，已经找不出更多的可能性了。最终我们想出的方案是，采用名为"拓印"的绘画手法。常见的使用这种手法的例子，就是在硬币上覆盖纸张，用铅笔涂擦，印出硬币表面的凹凸纹样。我们想用这种类似铅笔拓印的方法，把堆叠砖块所构成的复杂形态转换成平面线条画，使建筑物本身成为"轻盈的存在"。

03 涂鸦建筑

旧房改造［renovation］是一件很难的事，它不像文字处理机，可以简单地通过复制粘贴来轻松覆盖别人手写的文章。"涂鸦"虽然也是手绘，却不容易画好。而且，改造也不像新建那样可以从零开始计划，而是有既有的结构以及可以用作住宅的条件，因此设计可以从任意细节入手，且可以实现多项内容同步进行。总而言之，这个项目是允许出现非线性思路的，因此我把它称作"涂鸦"。

虽说可以从多个不同的点同时起步，但是作为一栋建筑，所有的点最终都必须能够衔接，形成密闭的关系。而且现有的构造是别人搭建起来的，如果没有事先掌握最初的状况，很容易在中途就走错方向，导致衔接不上。我们需要对现有的状态作出细致的观察，然而这栋建筑是"纸糊建筑"，其中的结构、手法都太难一眼看穿了。

另外，它与一边施工一边设计的"Sayama Flat"不同，必须要严格遵循"设计"→"报价"→"施工"的建筑流程。这么一来，相对于从零开始按计划建造的新房，这个项目的工地上会出现更多预料之外的事情，有时候甚至会很糟糕。哪怕画好了图纸，建好了模型，也有可能因为对现状判断错误而导致用不上。因此，在设计阶段我们也会去到工地，在可允许的范围内拆除部分现有结构，确认实际情况，然后再制作模型，用方木料搭建柱子、梁、间柱、斜撑，包上纸张作为外墙，尽可能正确地还原现状。再后来，才着手

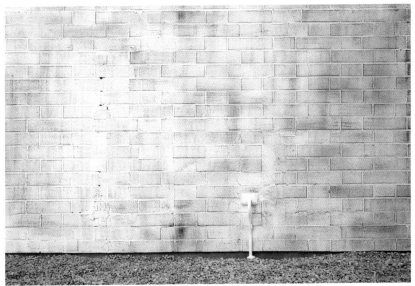

Title **2009** │ **奥泽之家**

上 │ 楼梯部分改完之后,原来的卫生间所在的门厅成为楼梯的入口,而原本作为
楼梯入口的开口部则被保留下来。

下 │ 采用拓印技法在墙砖表面涂刷。

考虑如何拆除以及用哪些材料、设备进行搭建。就算研究到这种程度，还是出现了弄不明白的部分，于是我们把整个工程大致分为拆除计划和搭建计划，包含"设计"→"拆除报价"→"拆除"→"设计"→"报价"→"施工"几个部分。对于在模型之中无法确认的部分，则在拆除之后进行调整。我们在这次"涂鸦"项目中，最先选择了"二层女儿墙上的三角形屋顶"和"隐藏二层地面加固部分，让距离超出想象的无柱空间成为现实的一层内凹天花"作为一开始的出发点。对于最初参观时令人印象深刻的女儿墙，我们剥离了一部分，待它现出原形之后，把它当作涂鸦的起始点，然后才把希望这栋建筑所拥有的性格加进去。这里说的"性格"，指的是周边的公共空间、一层的半公共观景房、二层的私密区及屋顶。这么一来，不仅每个部分的空间质量大致得到确定，还能与原本的结构独立开来，不搭调的部分也得到了表现。在那个时候，我们很在意这些"不搭调的部分"，调整工序的过程中也考虑到了这些元素，并把解决方案留到施工过程中再行思考。同时，在那个阶段我们预想到在不同地方保留既有元素的可能性。这样处理之后，那些既有元素也会成为新的出发点，建筑物内部因此出现多个涂鸦的原点。而如何把这些原点衔接起来，就是需要我们去设计的部分。当然了，不同理念之下，原点之间会出现各种各样的衔接方式，于是我们通过模型对几种方式进行了验证，有时还会把模型搬到工地，结合"不搭调的部分"和模型上的计划进行调整。在反复试验的过程中，我们对实际的空间体验有了一定的想象，并且在反复调整之后，模型和实际空间越来越近似，脑海中想象的场景也变得更加逼真。最终，我们不需要卷尺也能把握到实际的空间尺度，甚至能用身临其境的视角来想象整个空间。到了这个阶段，我们才真正展开如涂鸦一般的自由规划。

04 求婚与窗帘

这栋建筑的半地下空间被当成停车场，建筑的台基部分高达 1 米，台基之上才是建筑物。这截 1 米高的高度差，在过路行人与在房子一层活动的人之间形成了恰到好处的距离感。当然如果有意的话，还是能够看见对方，且感到有些不自在。但当这种现象变成日常生活的一部分，彼此之间也就会习惯这样的距离感，甚至连行人都会被当成风景的一部分。由此一来，偷偷观察别人时的窘迫感和被人观察时的窘迫感都会慢慢消失。当然第一次路过这里的人一定会感到吃惊，而作为被观察的对象，根本分辨不出眼前的人是不是第一次路过，也就不会在意了。不过话说回来，这都是因人而异的。

我的办公室"HAPPA"也是从早到晚处于被观察的环境下，我觉得待在里面挺舒服的。这种舒适感并不来自被人观察，而是因为，自己与自己所看得见的东西存在于同一个地方，这种真实体验累积起来就成为日常生活中的安心感，而对我来说，这种安心感带来的东西已经超出被观察时的难为情，是一种很棒的感觉。搬到这里已经快两年，我真切地体验到了这种感觉。

　　而这次的委托人，在入住新房的第二天就发来邮件说"已经习惯"这样的状态，这种适应能力让我吃惊不已。在入住第一天发现面向马路摆放的鱼缸并称赞"这很棒"的委托人也让我很感兴趣。当人拥有想要炫耀的事物，会想要跟别人分享，这种心情不难理解，然而这个鱼缸摆在这里，其实是从一开始就考虑到了它的观赏性。因此委托人欣喜的反应，让我觉得很好玩。与其说是炫耀，我甚至觉得委托人已经把周边的马路纳入了自己的领地范围。他属于"症状"比较严重的一类人，从这种角度出发，房子南侧的空地、北侧的公路都可以当成自家的室内装饰，整个居住空间在他眼中可以变得更加宽敞。而到了如今，原来那堵围墙也变得特别碍眼。

　　偶尔会听到这位委托人抱怨："因为你，我的结婚时间推迟了4年。"对此我回答："挂上窗帘不就可以了？"于是对方又回复："我不愿意。"然后我回他："那不然这样，如果你挂上了窗帘，是否就表示你想要结婚了？"最后他终于被点醒："原来如此，用窗帘当作求婚成功的信号，这想法太酷了！"就像这样，在奥泽的某个角落，好玩的事情正在蠢蠢欲动。

　　我觉得他是一个很棒的委托人。

05　平屋顶和三角屋顶

　　从外观来看，这栋建筑的每一层都有矮墙风格的装饰，乍看之下会以为是钢筋混凝土结构。实际上，它是一栋木结构的四坡屋顶建筑，矮墙都是假的。我们拆掉它的天花板，露出屋面桁架，在开口部分贴上镜面膜，到了晚上，钢筋混凝土结构一般的外装和四坡面屋顶的内饰都可以从外面看到。尤其是站在南侧的时候，可以更清楚地看到，那种光景就好像是在看剖面图，感觉非常痛快。原本有点小恶作剧意味的设计，竟然带来了这么有趣的效果。

　　二层窗户的镜面膜以及刷了镜面漆的窗框，让这个效果得到了更好的呈现。在白天，镜面膜会成为一面镜子，和材质不同的镜面窗框一起，映出天空的景象。云朵正好覆盖窗框部分的时候，看上去会有点滑稽，感觉很好玩。而到了晚上，气氛又会变得不同。从外面往里看的时候，玻璃是透明的，透过它可以清楚地看到二层天花的结构。同时看到这样的内装和外装，人们普遍理解的内外装之间的强弱关系将发生逆转。即，人们可以透过这扇窗户看到如内装一般柔和的外装设计以及如外装一样强有力的内装，两种不平衡的力量相互对峙的状态。另外，我们在这栋建筑身上还能同时看到象征平屋顶的女儿墙外形、代表三角屋顶的四片坡。换句话说，现存的假象被揭去，露出隐秘的一面，然而它们都呈现出户外的面貌，从室内穿过白色的外墙，与周边环境一起，构成这座城市的表情之一。

镜面膜的效果在二层室内空间也发挥了效果。在这里窗户内观与外观相反，全天都是透明的，可以向外看到附近悠闲宁静的街景。白天，会有柔和的光线从南侧照入室内，屋面桁架和三合板完美配合，使室内的空气变得恬静。由落地玻璃围成的非日常的纯白浴室，也起到了反射面的作用，给北侧空间带去光线，通过设计让整个空间呈现适度的弹性，营造出清爽的感觉。

到了晚上，整个气氛又会变得不一样：悠闲宁静的街景淡出，窗户部分彻底成了一面镜子。浴室的玻璃和不锈钢制的镜面部分相互协调，形成一轮又一轮的反转，搭配上各种明暗的光线，整个空间透露出一种陷入迷宫的怪异气氛。在设计时有预想过某种程度的色情感觉，但实际出来的效果超出了我们的想象。

效果很不错。

06 屋顶上的长椅

前面有提到过，在这个项目之中，不怎么对设计提出意见的委托人要求"设计屋顶"。

很久以前，我曾策划过主题为"屋顶很好玩""多开发一些屋顶空间吧"的"sollaboration"［协作］展，并实际尝试过其中的几个方案。在那之后，只要有机会，我都愿意去做屋顶的设计。

屋顶是一处让人放松的空间。

问题是，太过舒适了。

也许有人会吐槽说"这样不是很好吗？"但我想说明的是，屋顶的那种舒适度已经超越了设计的范畴。你竭尽全力从室内的角度设计通往屋顶的通道，而当你实际去到其中，爬到屋顶之后会发现，之前顾虑的种种因素都自动烟消云散，任何人都会被屋顶的这种舒适感觉所吸引。换言之，设计过程中的顾虑只不过是室内对于屋顶的一厢情愿，并且这种"单相思"不会被察觉。尤其是这次项目的设计，需要通过阳台等第三空间才能到屋顶，更进一步拉开了距离，连"单相思"都谈不上。

于是，我们把屋顶看成一个独立的个体，不去考虑它与其他空间的关联性，在设计上也尽量低调，做到从下往上看时不太能察觉到屋顶空间的存在。并且，我们没有刻意缩短通道来减少去往阳台需要消耗的体力。要说设计了哪里，顶多就是在屋顶上设计了一圈长椅，让人少在屋顶上站立。长椅的摆放位置也经过设计，使得椅背可以充当扶手栏杆的功能。

完工一段时间后，我独自爬上了屋顶。那时候我发现，这次设计的屋顶 [屋顶的长椅]，反倒做成了一处与其他楼层空间相关联的、令人感觉放松的场所。其实那次我才第一次真切地体验到这种气氛，不禁自问："这是为什么呢？"

奥泽这个"城镇"，只有少数的几栋楼会高出一点或者矮一点点，建筑物的高度几乎都差不多，而且窄窄的小路把这里的房子都划进了

田字格里。从车站沿着小路往前走，就能找到这个"白色"的房子。靠近观察，会发现房子里有好几处位于1米以上位置的大型开口。登上台基，从其中一个开口进入，就来到了"白色"的空间里。入口之外，房子里还有两处大型开口，因此进到房子里面很快就再次见到奥泽的"街景"。只不过，在室内看到的刚刚走过的小路，会位于比较低的位置。此时竖在眼前的是一面奇特的外墙，透过这面外墙上的窗户，可以隐隐约约看到隔壁一层窗帘后面的情景。另外，"白色"的墙壁上，会有一些开口部露出"茶色"的面，穿过这些带"茶色"部分的开口，就能看到通往二层的楼梯。爬上楼梯之后，眼前呈现的是一个由"茶色"墙面围成的空间。这个"茶色"空间的正中央有一个"白色"的浴室。二层带有阳台，走出去绕一圈，发现外墙又被"白色"的表面所覆盖。从阳台往外看，则又一次见到了奥泽的"街景"。前面提到了隔壁房子的奇特外墙，当视野范围越大，你会发现同样类型的设计也就越多。二层楼的住宅看上去都比较开放，感觉透过窗户能够看见更多的东西。顺着"白色"外墙上的梯子往上爬，就看到了三角屋顶上的长椅。坐上长椅，会感觉距离"城镇"更远，却也更进一步地远离了"城镇"的喧嚣，隔壁楼高度相同的屋顶的距离看起来比实际更近，增添了几分亲密感。在这种情况下，我又感受到这栋房子与城镇之间更深层次的关联。

将不同场景叠在一起观察，会发现源自造型的关联性既不存在于屋顶，甚至在整栋建筑物身上也没有体现。反倒是由"白色""茶色""城镇"这几种元素带来的细碎片段成为重要元素，让不同场景之间产生相互关联。在这种关联的范畴内，乍看之下毫不相关的屋顶也毫无例外地被纳入其中。

07 没有外形

这栋建筑物"没有外形"。

当然了，作为建筑物，它是实际存在的。

我们保留了其现有的外形，且没有让它产生改变。我们更改了开口部份的位置和形状，把围墙敲矮，修平了凹凸起伏的台基，却没有改变建筑物自身的外形。在旧改项目中，除了因地皮足够多而进行加盖，或者通过拆减来增加院子面积这类的特殊情况，一般不会对建筑外形做出改动。但是，通过遮阳棚等装饰性结构来改变外观，把阳台或者"奥泽之家"的女儿墙等可以当作装饰的部分去掉，是可以接受的。

这一次我们做了一个尝试，想要确认：在不改变外形的情况下，建筑可以被改成什么样子？而我们也预想到，会有人提出疑问：为什么要挑战这种苦差事？那是因为我们在"Sayama Flat"项目中意识到一个问题——我们身边的东西真的有那么难看吗？于是试着用"奥泽之家"项目来寻找解答。并且，我们要找到的是回答"不"的论据。

有了清晰的目标，我脑海中给"奥泽之家"改造项目留出的选项，已经不再是对于新建项目的妥协，而是变成了更为庞大的野心。同时，在发现委托人也有同样想法之后，其实我已经成了一名"确信犯"。

08　富有纹理

这里所说的"纹理"，指的是内外装修所使用的装饰材料或部品、主体结构的截面及周边建筑物、植物等我们所接触到的既有的视觉信息。

这栋建筑物是有"纹理"的。房子的内外装和周边环境里，遍布着数不清的"纹理"。"奥泽之家"的气质，随着这些纹理的密度和浓度的调整而产生改变。这些"纹理"，全都是我们无法独自造出来的东西，对于它们，已经没有必要去判断是否相称，毕竟眼前这堆 30 年前就已成形的东西，任谁都看不明白它们出现在此处的理由。当这些"纹理"摆在眼前，我们就需要去面对从它们身上感受的东西。换句话说，"保留"还是"不保留"，全凭自己判断，就连它们的使用方法也都是自由的。只是，一旦把这类"纹理"放进空间里，之后就做不出符合这类笨拙统一感和押韵的设计。只能是通过质感和距离来设计由物与物所构成的空间的品质。融入了"异物"的空间因此拥有了更宽阔的胸襟，足以包容更多新的"异物"。而这种宽阔胸襟，成为了"日常"之中必要的空间元素。

说到具体的设计顺序，我们首先选择了几款"纹理"保留下来，

只有入夜后才能透过二层房间看到木结构的三角屋顶。

夜间，室内部分变成镜子。

白天，从室内可以看到外面。

必要的时候对它们施以新的加工，改变其浓度。与此同时，我们也对建筑物开口部位的打开方式及位置展开探讨，调整可见的范围，使建筑内外的相关场景产生变化。另外，对于新加入的素材，也采用了各种各样的使用方法，例如使空间扭曲、拉伸、留白、反射，让观赏者［用户］感知距离感和光线的方式呈现不同的变化。通过这些组合，即便不改变建筑外形，也能改变建筑物呈现在观赏者眼前的样子，让"奥泽之家"实现"重生"。

09 我们身边的东西，其实很好看。

所谓旧改，其实意味着既有形态保留越多，设计师的想法越难覆盖到每一个角落，越难做到前后一致。而与此同时，它也因此表现出对于"不一致"这一现象的包容度。"奥泽之家"屋顶的长椅就是一个具体的例子。通常来说，那样的设计和工法是无法与新建房屋相融合的。反过来说，新建房屋可以在设计阶段就把屋顶空间考虑进去，允许出现更巧妙的设计手法，但却做不出小时候建秘密基地那样自然无造作的感觉。此外，鱼缸的方案也是在设计方案推进得差不多的时候想出来的。能够把灵光一现的东西随时放到重要的点上，这种大度的空间运用，只有在旧改项目中才能体验到。如果是在新建项目中途决定加入个性如此鲜明的东西，那么我应该会重新规划，从头开始考虑连贯性吧。

前后不一致的特点也带来了其他的好处。因为无法通过某个具体的部分去想象出整体的空间，这种环境的好处就在于，到了最后你会发现，整个项目过程中，理解和体验是同步进行的，你可以花很长时间来慢慢了解整栋建筑物。当然，只要设计巧妙，在新建项目中也能制造出同样的体验，只是容易显得像自导自演。与之相对的，在旧改项目中，一切都是从自己无法理解的地方开始，无需担心出现自导自演的效果。从城市角度来看，既有的建筑因为被人所熟悉，其变化的体验方式也因此显得独特。这种感觉跟我们小时候的体验有点类似：刚放完暑假，发现隔壁桌的女孩子变得更好看了。虽说看不出来具体哪里变好看了，但因为被对方吸引，所以在无数次观察过程中慢慢察觉到细微的变化。对于住在周边的居民来说，也可以用类似的视角来体验旧改项目引发的变化。放完暑假返校，发现班里多了个漂亮的转校生，这也是不错的体验。只不过这种路线容易让人充满期待，设计难度也因此变得更大。

这样一想，已经存在的、留在记忆里面的不自由外形，也不应被轻易地无视掉。甚至可以说，这些不自由的外形如果搭配得当的加工手法，将会呈现出独特的美感。

第二章

"Schemata Architects" 的创新

1 | 世界并不都是白色的

2007 年 4 月，我的办公室搬到了离中目黑 8 分钟路程的驹泽路上的"HAPPA"。在那之前，办公室位于世田谷区下马我家附近，萧条商店街里的老旧楼房二楼空间，那里原本是麻雀庄，因为租金便宜，于是就定下来了。那个时期还没有什么项目，除了机缘巧合拿到的集合住宅项目之外，只有一两个项目，也没什么外出安排，和两三个员工从早到晚待在一起。所以一周之内只与公司员工、自己的家人还有附近 711 便利店的店员小姐接触，这样的情况也不怎么稀奇。到了后来，我的世界就只剩下了很小的范围，甚至对仅有的两三位便利店店员产生了一丝丝的倾慕之情。不仅如此，那时候的设计工作也全都在办公桌上完成，我也天真地以为，实际落成空间也会像CAD 软件界面一样，在白色背景之中一点一点增高、成型。只是，莫名其妙地，我感觉到需要改变，因此决定给办公室换个地方。

设计事务所，基本上所有工作都在办公桌上完成。既不用销售商品，也无需制作大型的物件。因此，办公室无需硬要选在高租金临街区域，安静点的上层空间反倒更适合。只不过我也想到，像教学徒一样的封闭办公室很难有发展的潜力，希望在自己的办公室里能够时常见到第三者，因此先选定了更为热闹的区域，花了大约半年时间，每天都骑着自行车，在中目黑附近区域寻找临街的待租空间。最后找到的是物流公司旧办公楼的一层空间——只有一道卷帘门，没有窗、空调、隔热保温措施，表面也都没有经过处理。但是它面向马路、空间很大，层高也有 4.3 米，在那一片算是少见的挑高层高了。问题是，那个地方对于我当时的事务所来说太大了，由于无法承担全部房租，因此又开始寻找合租的伙伴。最后跟我们共享办公室的是艺术画廊"青山｜目黑"和从事特殊涂装的中村涂装工业。由于预算有限，装修方案也尽量采用能够自己制作的设计，自己动手把办公室弄好了。考虑到邻居是"青山｜目黑"画廊，我毫不犹豫地计划"把墙刷白"，没想到青山竟很吃惊："诶！为什么要刷漆呢？现在的样子不也挺好看的嘛。而且，我们也希望保留 OSB [Oriented Strand Board，定向刨花板] 墙面。"除去画廊这项用途，合租办公室的计划也得从旧改做起，在我的认识之中，一切都应从"白"起步，然而这样一来我却变成了客场选手，在设计的过程中，感觉就像是丢掉了手中的武器。预算上也已经没有了"规划"的余地，只能把注意力转向确定必要最低限度的"度"。最终成形的，是一个突出特色的，每一个角落都能成为"脸面"的空间。而这个项目也成为我后来构思"Sayama Flat"项目的契机。

"HAPPA"是对外开放的，是被观察的对象。

有时候我们会来到办公室外面，在十分接近1:1比例的情况下进行设计、制作、展示。

我们还会举办派对、活动，招呼外面的朋友过来。最有趣的还是很多人聚到一起，边喝酒边欣赏驹泽街道风光的"驹泽大街欣赏会"。虽说只是一场欣赏街景的活动，可人数看上去似乎挺吓人的，路过的人都会慌张地闪开。我们觉得路人的反应很好玩，忍不住大笑，还对他们招手，结果他们闪得更快了。只是喝酒、赏街景这样简单的事，却让我感到很开心。

一开始，几乎所有的活动都在"HAPPA"举办，后来慢慢有人对这些活动感兴趣并加入其中，由此形成了新的共同体 [community]，给我们带来了新的空气和养分。

这个地方既不是画廊也不是会议室，既不是工作坊，也并非活动场地、咖啡店。它是一个没有归类、与任何功能都能融合的空间，我们在这里举办了许多活动。它有时是婚礼场地，有时是酒店，有时又是对谈、各类活动的场地。当外部人员开始主动加入的时候，我们也渐渐地能够对外提供活动场地。

最终，办公室的面积变得不够用，我们在 2015 年搬离 HAPPA，来到了青山。

这一次我打算做个期限 5 年的实验，试试看在青山地区能取得什么样的效果。

2 | 对流程进行设计

　　有的时候，我们会提前看到终点。"Aesop"青山店就是这样的一个项目。当然了，目标或者终点不一定是客户所希望的结果。我去考察墨尔本的门店之后，自作主张地认为，这个品牌的包装如果放在旧材料做成的环境之中，应该会很好看，而后就陷入这个想法里面了。但也不是说要在产品目录上选旧材料，这样做没什么意思。于是我决定对寻找旧材料的过程展开设计。为了寻找到偶然的机会，除了事务所的同事，我们也号召施工方、甲方客户一同参与进来，从那一天起，只要碰到拆除工地就去询问能否要到旧材料，再用回收到的旧材料完成空间设计。在那样的条件之下，我们很有可能只能找到一堆廉价的废旧三聚氰胺饰面板，不过很幸运的是，施工方负责人家附近正好有一栋老房子开始拆除，于是我们立即找到拆除单位商量，没想到对方很痛快地答应了。这样一来，材料就有了着落。工地里废弃的材料太多，不需要全部回收，而且那时候还没有确定设计方案，于是就在现场观察每一种材料，展开各种想象。尽管很多材料都想拿回去，但最终还是强迫自己缩小范围，把选定的材料带回了"HAPPA"。在办公室里，我们把这些材料进一步拆成平板，平铺在地板上，一边观察材料一边展开设计。最终出来的方案是，垂直方向使用回收的旧材料，水平方向对强度有要求的板材则使用全新的三合板，还设计了一个展示台，兼用作区分卖场和隔壁办公区的隔断。除此之外，我们还把柱子摆到一起，做成了表面平整的台子。

另外一个"对流程进行设计"的案例，就是"MARIKISKA"的活动会场设计了。"MARIKISKA"是位于芬兰赫尔辛基的"Marimekko"概念店。它来日本参加东京设计周，找到我们做设计。"Marimekko"的风格体现在使用鲜艳的配色进行设计，希望以此给冬季漫长的芬兰带来一丝丝明亮的气氛。而这次设计的概念是打造"让客人感受到芬兰人的生活精神"的店铺，因此选择了位于原宿"最最最深处"的"ROCKET"——一个周边摆满盆栽、挂着晾晒衣物、依然残留着生活气息的区域里面的画廊作为场地。只不过这个地方太幽谧太难找，为了解决这个问题，我们的设计其实是从客人的引导开始切入的。我们设想的是，客人手里拿着气球从表参道上的总店慢慢逛到深处的会场。这样一来，手拿同款气球的客人一个接一个从店里出来走向活动会场，越靠近目的地，气球的数量也越多，无形当中形成了指示目的地的特色标识。这个标识在指示会场所在地的同时，也给附近片区增添了几分色彩。客人抵达会场之后，请他们放飞气球，最后整个屋顶被气球填满。原本空荡荡的空间，随着时间的推进以及观众的参与，变成了一个充满气球的空间，气氛也随之发生了改变。

2013 年策划的"3.1 Phillip Lim Pop-up Store"也是通过对流程的设计确定空间设计的实际案例。这个项目预算不是很高，因此一开始做的事情是对预算的划分进行设计。具体划分结果为：材料费为零，后面的预算按施工费等的顺序由低至高，设计费占最大一部分比重。确定划分比例之后，再在有限的范围内展开设计工作。最终我们找来干洗店的衣架、报纸、周刊杂志、废弃材料等回收材料，结合尽可能简单的加工方法，完成了本次空间设计。

Title   **2013** | " **3.1 Phillip Lim Pop-up Store** "

"3.1 Phillip Lim"推出了首个专做鞋包的服饰品牌，此次设计的是其快闪店。为了在闪耀的空间里也能突出一件件耀眼的商品，我们在陈列柜设计上采用了废旧材料等质感粗糙的素材。

Title   **2011** | " **Aesop Aoyama** "

澳大利亚护肤品牌 "Aesop" 委托我们设计了该品牌在日本的首家旗舰店。由于 "Aesop" 的包装
与旧材料的组合感觉非常好，最开始考虑采用旧材料来制作，但又觉得从产品图册上选择做旧材
料不太地道，于是从寻找旧材料的途径开始设计，最终决定使用随处可见的旧房拆迁现场的材料。

Title   **2018** | **桑原商店**

原本的酒类批发商仓库被改造成了居酒屋，由住在楼上的一家人负责经营。一开始的设计委托是
"好看的店铺空间"，但是在查看现场时，我们发现既有的仓库状态非常好，于是将它设计成了立
饮[无座椅]形式，尽量还原仓库的气氛。在设计过程中，我们也找到顾客、酒类生产商、平面设
计师等等相关人员，结合他们的意见来推动方案，最终形成一处充分体现人际关系的、属于所有
人的新"地点"。

3 | 减法

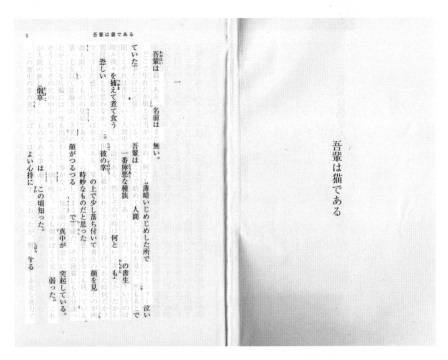

从夏目漱石的《我是猫》原文之中抽掉部分文字，剩下的文字便组成了意思完全不同的段落。不加任何东西，就能改变文章的意思。这与〝Sayama Flat〞项目中采用的空间构建手法相同——不加任何元素而只用减法来重新构建空间。

搬到"HAPPA"没多久，就接手了"Sayama Flat"项目。一开始，客户中村先生来到"HAPPA"，说了这么一些话："建筑师很坏啊。自己的地方 [办公室] 可以用如此低的成本做得很好看，到了设计别人的地方的时候，就又不一样了。希望设计师可以朝同样的方向来构思吧。"那时候的改建项目，大抵都是满眼白色的精致改建，因此自己手上这件完全没有涂刷的"HAPPA"得到这样的喜爱，让我们心情大好，决定接下这个项目。不用"加法"而只通过"减法"进行空间设计的手法，就是在这个时期出现的。

这栋旧楼建于日本经济高速增长的时代，正是 nLDK 户型开始出现的时期。为了配合核心家庭急剧增加的节奏，这类房子要解决的问题就是：如何在小面积楼层中划分出尽可能多的房间，如何在短时间内供应大量的房子。这栋建筑在当时是员工宿舍，也采用了 nLDK 的设计，一共有 30 套，过了将近 40 年，它也结束了自己的使命。随着人口结构少子化、高龄化的发展，以往有多少房都能出手、再远都有人要的蔓生时代不复存在，现在的人们开始关注房屋、地区的品质。而这栋房子不仅离东京市区很远，离车站也不近，并且房子很旧，户型还是老套的 nLDK 户型。房主也知道，即便所有房间都按原样翻新，30 间房也很难一下子全部出手，所以找到我们。那时我还纳闷"为什么找我们"，正好手头上没什么项目，便答应了下来。另外从项目的地理位置来看，设计完工之后也很难提高入住率，

而且预估的施工费跟拆除费用差不多，算是一次不太挣钱的改修项目。种种因素让我们意识到，拆除工作、把墙刷白都是要花钱的项目，我们也因此发觉，墙面的"出厂状态"，既不是白色的墙，也不是毛坯墙，而是我们当下所看到的墙面。

一开始我们想得很简单：先拆除一部分原有的装饰材料，腾出空间之后再到宜家等地方，买些便宜的灶台橱柜装上。最先启动的工作就是拆除内装，增加房内的采光和通风。就这样拆了一阵子，突然有一次停下手来观察拆除的状态时，发现采光、通风都变好，空间变得清爽的同时，原本的 nLDK 结构也被破坏，形成了"空[间隔]"，而这种"空"又让不同样式的构件之间的关系出现改变。原本准备换掉脏脏的厨房灶台，事务所的兼职闲时把它们擦干净了，这么一来，老式的造型反而显得更好看，于是决定留下来继续用。预算充足的时候，对于这件事也许不会产生那样的看法，可是那时我开始觉得，也许不做新的设计，也同样能打造出好看的空间。从那时候起，我开始思考如何只通过"减法"来进行设计，而这项设计思路首次落地，就是在"Sayama Flat"。

对于刚完工的项目，我们自认为很不错，只是无法很清楚地说明我们到底做了什么，不知道应该怎么归纳总结，很是苦恼。于是我们开始了一系列类似的实验。试验范围涵盖实际的空间、家具，在草图 [图纸] 上完成实验。通过各种各样的实验，我们开始慢慢理解，

"减法"到底是一种什么样的配置手法。

在那之后，我们所认知的"减法"设计不断推进标准化进程。通常的"减法"有两种方式，第一种在日本很常见，它被称为"减法文化"，涵盖了日常的衣、食、住以及花道、茶道、绘画等艺术领域，是一种去除多余要素、将事物简化的极简文化，可以联想到现代主义表现。我们也有通过"减法"="去掉"的手法完成设计的项目，例如"OKOMEYA"和"Bench2"，就是采用了简化的表现，不断打磨，"去掉"多余，保留简约。

不过，"Sayama Flat"项目中的"减法"与之并不相同。它不是简单的"削去"，更多的是一种通过去除构件来形成"空〔间隔〕"，是对前后两者的关系进行调整、再组合的手法。

鸠谷之家项目采用了类似的手法。这个房子在户主上一辈手中之时，是一个5人家庭居住的两层木结构房屋，因为人数较多，就把狭小的面积切割成了许多个小小的空间，也就是 nLDK 模式。继承房屋的儿子一家找到我们的时候，要求把房子改为3人居住的空间，可惜在实际见面之前，女儿不幸去世了，因此委托设计内容改成在二楼为偶尔来住的父母准备一间房。当我们知道二层的房间一定会多出来，便考虑有效利用剩下的余白空间，于是将二层其中一间房的地板抽掉，并拿掉房间与房间之间的隔墙，形成"空"，这个"空"则成为 1F、中 2F、2F 之间的媒介，完成了整个房子空间关系的调整。

同时，这一处"空"还从 2F 房间南侧的开口部分采光，使得所有房间都能享用到自然光。

　　原本客户要求二层至少要留一间房，父母偶尔过来的时候有地方睡，不过当我们提议打通地板、引入自然光之后，客户对这个方案非常满意。哪怕预算不多，客户从头到尾都没有对制造"空"的计划提出过疑虑，让我们得以按计划推进。快竣工的时候，我们得知女主人怀了宝宝。内心有那么一点点小盘算，如果说这一处"空"给这个家带来了新的生命，那么我会感到非常开心。

　　我开始觉得，"减法"的设计手法不仅能够用在建筑领域，在城市规划领域也有可能实现。希望能早点得到这样的机会。

Title   **2015** | "**OKOMEYA**"

业主租下了这个曾被用作住宅兼果蔬店的只有 15 平方米左右的空间，开了间饭团店。在这个项目中我们加入了最基础的功能，尝试通过打磨现有的东西来实现其与新加入的元素之间的亲和性。

Title   **2018** | " **°C (Do-C) Gotanda** "

这是为胶囊酒店做的改造计划。在这个项目中，我们尽量不去加入新的元素，而是通过"做减法"来完成空间设计。在整个方案中，沾了釉料烧成的砖头在不同地方担起了重任。

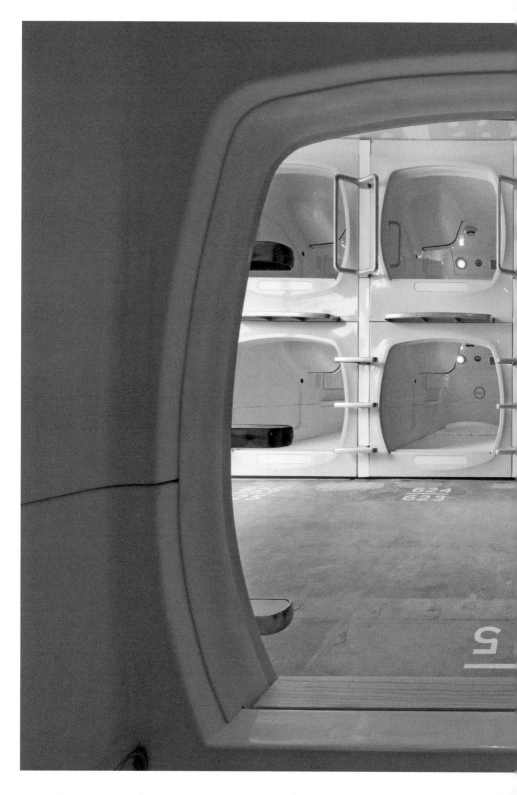

Title   **2017** | **延冈之家**

这是给宫崎县延冈市的一对夫妻做的住宅改造项目。既有的建筑物是业主小时候生活过的住宅 +
工厂。原本木结构的住宅兼店铺，在业主成长的过程中，也通过钢结构扩大了面积，形成了钢结
构和木结构混合的、总楼面面积 440 平方米的两层建筑。为了向通过经商扩大家宅面积的祖父表
达敬意，我们决定保留整体框架，在其中插入了一个 170 平方米左右的居住空间，用以满足必需
的用途。由此，整个建筑物中出现了多处空白，让人看到了未来的可能性。

Title   **2018**   │   " **Nakamata**   [**Maebashi Design Project**] "

群马县前桥市的中央大道商店街，在日本战后经济快速发展的时期，曾是一条商店高度密集、熙熙攘攘的具有昭和时代特征的商店街，其中有一栋建蔽率达 200% 的住宅兼鞋店。在这个项目中，我们留下大约 50% 的建筑面积做成了点心铺，余下的空间则做出留白处理，以期给周边的商店带来更多人气。从建筑本身来看，可以说这是一个新建项目，而对于商店街来说，这个方案又可以被看作是"减筑"项目。

4 │ 加法

　　当我在随处可见的木结构成品住宅建筑工地，看到屋顶、外墙等地方大多都只做好外侧部分以遮风挡雨，而里面的内部结构则完全裸露出来时，经常会这么想：要是就这样交付给我的话，不仅成本降低，似乎还能把它改得更好看，这种状态不是挺好的么。相对于极其普通的外立面，内侧露出了粗犷的建材纹路，以未完成即"负数"的状态开始，由用户自己完成"添加"。并且这么一来，最终呈现的也是"负数"状态——毛坯房的一部分得到了"补充"并显露出来——正好是"Sayama Flat"空间的逆向演变。我一直都想设计这样子的住宅。它的效果既不体现在外观上，也不体现在不假思索便能入住的房子上，这样的住宅需要自己主动思考、亲自动手之后入住，未完成与完成之间也没有明确的界限，整个过程也是慢慢开始。同时，当慢慢开始的生活不断变化之时，住户的需求也随之改变，生活的样貌又会慢慢变化。这时，住户一定不会抗拒再次对曾经加工过的地方进行调整，所以说整个过程并不是按部就班，而是慢慢地发生改变。最近我也在想，构思这类建筑的时候，可以自由地定义完成的时间节点，这也说得上是建筑师的一项规划内容。

促使我开始关注到这一点的，也是"Sayama Flat"这个项目。当我看到人们入住之后自己进行改造，并觉得"竟然还不错"的时候，我开始研究这件事。在那之前，我还挺自以为是的，看到开业后的店铺挂上了自己预料之外的服装或者交付后的住宅摆进了预料之外的家具，挂上了晾晒衣物，会感到失望。换句话来说，那个时期的我认为作品"完成"的节点是将它们交付给客户的时候。但是当我经手"Sayama Flat"项目之后，内心重新涌出一个想要设计"越用越好看"的建筑的想法，尽管这一想法特别的稀松平常。再后来，我在"HANARE"项目中略微地实践了这个想法。一开始客户对"HANARE"提出的要求是"这是一个实验场所，希望以后能够根据自己的需求来改造"，并提出"希望采用独立分包的形式，并参与到每个环节当中"。事实上后来我才发觉，当这两项要求同时给到我们时，是会产生相乘作用的。尽管在室内设计项目中有过类似的经历，但是我们从来没有在建筑设计项目中尝试过独立分包及工程项目管理。这件事对我们来说难度非常大，因此为了尽量简化流程，我们把重点放在了作出让各个环节之间的联系简明易懂的设计，不至于出现频繁派人到工地的情况。具体的例子，比如让布线完全裸露；在装饰面上钻孔，让管道穿过，垂直延伸到户外；不在墙上安装门板，而是直接把门板吊在天花板上，根据使用需求移动位置。一方面，客户对于日常接触的事物有很高的要求；另一方面，将能够随时加工、改造的物件或者基础结构露出来，使得两者之间产生和谐的矛盾，整体空间也因此出现新的"缝隙"，能够大方地吸收和接受之后新加进来的元素，形成一种拥有"可变关系"的空间。

最近，这种思路得到了升级，我正在设计的住宅项目就是考虑以本章开头描写的状态交付给客户。我们规划并准备好了一堆普通人绝对不知道如何下手的结构、扩充件甚至卫浴、厨房等设备工程，再由住户——一位艺术家与他的夫人——在居住过程中依据自己的喜好一点一点进行改造。当然，交付的时候这个项目并不算完结。由于住户会在必要的时候对它进行改造，所以它不会有最终形态，并且能够随时保持新鲜的状态。这就是我正在构思的住宅项目。

现在我在为"门间屋"做工厂兼展厅的设计，这是一个百年老字号，制作收纳传统和服的桐木衣橱。同样地，我的计划是，只动屋顶、墙壁、天花板这些最基本的部分，完工之后就进行交付。当然，桐木衣橱这种东西并非家家户户都有，可以预见的是，这个产业未来的发展只会衰退，而不太可能有增长，因此必须考虑它未来的发展方向。只不过作为一项传统工业，它很容易显得被动，对于构想未来这件事，它并不是很能适应。于是我考虑抓住这次内装项目的机会，促发大家共同挑战新事物、放眼未来，并形成团队合作，养成集思广益的习惯，将其运用到今后的工作当中。其实认真想一想，制造家具的工匠，为什么要把自己的所在地交给别人设计呢?

我感觉，未来人们对于"可以添加的建筑"的需求会一点点增加，人们不再单纯地接受别人设计好的建筑，而是会更大程度地参与到属于自己的空间的培育过程中。

Title **2011** | "HANARE"

业主提出了想要一边居住一边调整［空间］的要求，因此这个项目采用了如下模式：为了让业主在居住过程中慢慢了解整个建筑，从整地到建筑、家具等环节均采用独立分包形式，不使用施工队，而是与独立的工匠共同打造出了一栋住宅。由于地皮本身坡度很大，细长的施工通道也直接成为建筑的一部分，细节部分也全部采用简单的设计，方便业主一边居住一边掌握［使用方法］。除此之外，为了实现既能欣赏西侧池塘风光又能遮挡西晒的要求而设计的 2 米长的屋檐，也是本项目的一大特点。

Title　**2014**　| "**Make House**"

这是一栋可以一边居住一边完善的住宅。我们首先为建筑加入居住所需的最基本功能，然后提出了木制"角铁"的方案，在只有专业人士才能操作的建筑部分与业余人士也能加工的家具部分之间起到衔接作用。具体来说，用木制"角铁"与既有的家具相结合之后，两者之间的缝隙便会被填满。

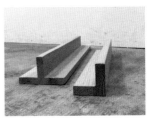

Title   **2015** | " **Cafe / Day** "

这是一处由店铺与客人共同完成的店铺设计。我们向客人要来已经不用的家具，拉到工作坊之中进行打磨直至露出实木表面，通过这样的方式来协调色调，最终构成空间。同时我们还运用 "Make House" 项目之中发明的木制 "角铁" 制作了桌子和架子。

Title　**2017**　|　**京都市立艺术大学方案提案**

面对需要通过融合、兼顾才能满足的设计要求，我们提出了运用既非建筑也非家具的动作体系——接口［interface］来满足设计条件的方案。与此同时，这个方案也向美术院校提出了激发学生能动性的新见解——让学生能够在校园内自主搭建工作室、展示空间的体系。

C地区：交流的 "孔洞"

@kcua 可以通过可移动墙板和管孔来实现一体化展示

可移动墙板　单管孔

可移动墙板　可移动摘架

绿墙底下设有孔洞，可摘架可移动，促进面积缩减（有用以移动来形成空间　效利用空间）和更深入的交流

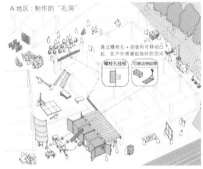

A地区：制作的 "孔洞"

通过螺栓孔＋挂板和可移动起　在户外搭建起临时的空间

螺栓孔挂板　可移动突起物

+ 可移动的家具

可移动墙板

可移动摘架

可移动突起物

可移动绿植

+ 微观组织系统

单管孔　螺栓孔挂板

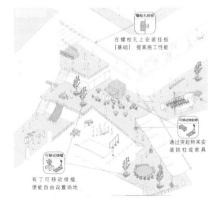

螺栓孔挂板
在螺栓孔上安装挂板【基础】提高施工性能

可移动突起物
通过突起物来安装铁柱或家具

可移动绿植
有了可移动绿植便能自由设置场地

Title   **2018** | "**HAY TOKYO**"

在这个店铺空间作品中，我们设计出能让店员自由调整隔断，移动陈列柜的〝接口〞，希望通过不断变化的空间，形成吸引顾客反复光顾的效果。店员在设计、协调空间分布的时候均是以视线高度为准，因此设计之中不会出现层次，在店内任意一处都能体验到舒适的空间。

Title   **2019** | **东京都现代美术馆导视装置、家具**

在无法变更建筑的前提之下我们提出了〝接口〞方案，希望借此从公园吸引客人，同时把美术馆
打造为更贴合日常使用需求的空间。

5 | 认知的更新

　　不了解的话做不来，了解了之后就知道怎么做。"认知"就好像一种特效药，价值非常高，适于广泛传播，而且有一点不必多说，创造出"认知"的人应该受到尊敬。

　　大学毕业、开始创作活动的时期，我通过书店里的书了解到"DROOG DESIGN"的存在。他们做的事情给我带来很大的冲击，让我感到兴奋不已："太好玩了吧！感觉找到了方向！"其实因为 SD 出版的"30 ~ 39 岁建筑师特辑"而得到启发，刚离开大学就开始从事设计活动的我，在建筑设计这一块是没什么经验的，而正当我觉得建筑设计的工作不简单甚至很难的时候，"DROOG DESIGN"的出现给我带来了一线希望。对于建筑专业出身的我来说，这本书成为我开始学习设计的契机，它成为了一种权威。同时我也认真研究书里的每件作品，画草图临摹，用自己的看法来解释什么是"认知"。

当研究完所有作品后，我竟一个人坐在工作台前画起了草图，尝试创造出新的"见识"。令我喜出望外的是，数年之后，他们的作品被带到"HAPPA"展示。与理查德·霍顿 [Richard Hutten]、托尼克 [Thonick] 等艺术家共同推出"LLOVE"展，这是我当初想都不敢想的事情。

有可能是因为在那个时期受到了影响，我展开创作的第一步便是"认知、了解"。从客户那边听到、在工地发现能够激发自己灵感的"认知"之后，需要再通过空间、物品的表现来传达给人们，这就是我所理解的"设计"。通过持续设计来更新"认知"，如果有这么一本"设计字典"，我也希望能够在里面加入自己发现的"认知"，分享给大家。因此我常常在想：如果有可能的话，更想接那种了解客户需求的时候很难想象到完成状态的项目。举个类似的例子，依靠捐款、香火钱运转的神社，由于世代的变化，已经无法用以往的方式来维持经营。而研究面临存亡危机之时全日本的神社的状态和维持方法，就是我现在感兴趣的事情之一。另外，一直以来我都有一个想法：作为一个不熟悉科学的人，希望我在做一些不"了解"便无法完成的事情时，能够借用科学家的"认知"，再结合建筑师或者设计师的知识来设计空间、产品。最近几年一直在思考怎么样"做一个小岛"。以前，我曾经设计过一款 3 米 ×3 米 ×3 米的方块状产品，名为"PACO"，它既不属于住宅，也没办法归类为家具。在那个时候我就发现，"尽管这款产品体积很小，如果把它放到山林里的话，还必须把周边的基础设施都设计好"，即理论上可行的事物，也无法完全实现落地，对此我一方面感到惊讶，一方面又很好奇：如果这样的设计能实现的话，整个社会环境会产生何种变化呢？我想结合环境来探讨这个问题，于是萌生了研究孤岛的想法。

另外，每年我们在米兰发布的作品，不同于已经设定好条件、单靠"认知"无法成形的建筑或者软装内饰，可以只关注"认知"，是一种纯度非常高的形态。因为米兰家具展每年4月都会举办，所以它也成为一个提醒，让我们始终保留这种意识。在米兰家具展期间，我们也能参观到其他人经过升级的"认知"，了解世界各地的人都在想什么、如何设计物品，因此参展对于我们来说也是一次很好的机会。

最初在米兰发布的作品就是"Sayama Flat"，它是在"HAPPA"项目中意外出现的。在"HAPPA"的施工设计过程中，为了节约成本，选择忽略倾斜的地面，墙面先确保窗框是水平、垂直的，由于建筑本身比较老旧，有些地方会出现缝隙，冷空气会跑进来，所以我们想出来的解决方案之一，就是把窗框下方的部分当成美术馆，用树脂固定，展示一些小作品。当我们买来环氧树脂，尝试填充缝隙的时候，树脂从模板里漏出来，流到了地板上。我们觉得这样的地板看上去还挺美，然后还因为这次意外，开启了设计"FLAT TABLE"的一扇窗。"认知"的更新，往往都发生在意料之外的情况下，因此需要多留一个心眼，避免错过这些瞬间，同时也需要拥有相应的眼力。

Title " **FLAT TABLE** "

因常年使用而出现的凹凸、通过打磨形成的凹凸、拼组木材时形成的凹凸……在不同的凹凸面板上倒入调过色的环氧树脂，这些凹凸便会形成不同的浓淡程度，用这些面板制作而成的就是拥有不同颜色层次的平板桌子。

Title   **2013** | " **ColoRing** "

这是一款花纹不重样的工业产品。此设计从 "津轻涂" 获取灵感，将合板打磨一遍，刷上漆之后
再次打磨，做出与木纹相对应的花纹，再用这些木板设计家具。本系列产品于 2013 年在米兰发布，
于 2019 年与 Artek 合作，将 "Stool 60" 等阿尔瓦·阿尔托 [Alvar Aalto] 的名作设计成了 "ColoRing"
模样。

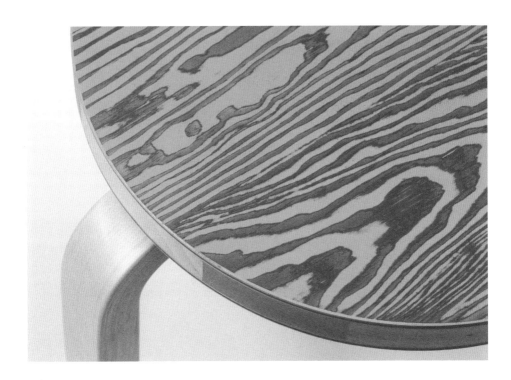

Title   **2019** | " **Artek ColoRing** "

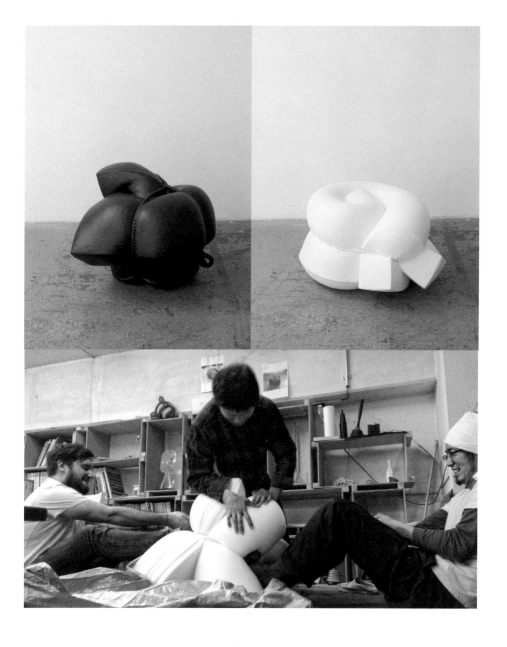

Title **2014** | " **SHIBARI** "

将聚氨酯棉折叠，用绳子捆住塑形。然后通过浸胶处理，在表面形成适当的硬度，这就做成了一把凳子。乍看之下感觉很重，但因为材料是聚氨酯棉，实际上很轻，是一款可以轻松搬动的凳子。

Title　2016　|　"Twintsugi"

日本传统的金缮技术，用金粉来修补摔碎的杯子，让破碎带来喜悦。在这次设计之中，我们使用
3D 打印机打印出造型相互对称的杯子，以此来表达〝双倍的喜悦〞。

6 | 对"行动"进行设计

　　建筑并不是为了记录而存在，只不过在过去很长一段时间，记录建筑的形式一直都是静态画面 [照片]。至少当我们想要了解他人的建筑作品，相当多的时候都是通过它们的静态图像来了解、学习、研究建筑。因此，我们在设计作品时，很多情况下都会以静态图像为前提来想象完成时的样子。哪怕是以动线为主题来做设计，提案或者汇报的方式也很有限，因此虽然功能方面的想法可以简单地传达到，创意方面的想法则很难完全共享，很难落实到最终方案上。

　　最近，社交网络的出现，使得我们观看视频的机会增多了。而因为智能手机的出现，我们也越来越频繁地使用视频来记录自己的作品。可能是受到这些因素的影响，最近我对于动线的研究产生了浓厚的兴趣。

　　对于店铺来说，一个很重要的因素就是吸引人进去看看的"人气"

营造。在这之前，空间设计领域对于设计"人气"这件事的意识似乎不太多。常听人抱怨说设计好看的店铺往往没有那么好的消费体验。很多情况下，"人气"面临着"无法表述"的困境，通常会被认为是无法创造的东西，但我想尝试着对其进行分析，并将它表现出来，展开相关说明。

具体体现这种想法的早期项目，有正好在东日本大地震不久之后接手的"TAKEO KIKUCHI"涩谷明治通店以及"TODAY'S SPECIAL"自由之丘店等。"TAKEO KIKUCHI"由于正面很宽、内部空间非常狭窄，如果正面全用玻璃，那么对于路过明治通的行人来说，店内的景象便一览无余，没有必要进入店里细细看。而就算客人进到了店内，想必也会抗拒对室外的行人完全没有遮掩的环境吧。于是我们想出了这样一个方案：有效利用 3 个楼层，打造出深度，并对客人愿意前往的位置展开设计。具体来说，例如家具只露出有开口的那一面，带背板的那面背靠背摆放形成多个岛台，并在四周交叉安排动线。这么一来，客人在店内必须动起来才能看到所有的商品。同时，我们在两个方向上设计了向上的动线，如果加上庭院的话，一共包含了 5 个出入口节点。通过取消收银台，实现一对一的接待，并且提供多条动线选择，方便客人在店内自由行动。经过此番设计之后，生硬的感觉不再，人们也会自然而然地往上走。店内二层有武先生的工作室，三层有咖啡厅，通过设置不同的"人气"点，拉长客人在店内的停留时间，以此形成店内整体的"人气"。

　　"TODAY'S SPECIAL"的设计是考虑到日本社会已经进入成熟期，人们不再处于从店铺借鉴生活方式的时代了，现代的人们更多地是像逛市集一样，自己发现自己的生活方式。为此店铺空间的设计是以实现类似的场景为概念的。因此我们在店内设计了多个收银处及供店员处理工作的场所，让客人在停留期间，从不同角度多次路过同一个地方；同时店内设置了多个位置较高的货架，构成了引导客人走动的动线。

　　还有一个案例——"en route"二子玉川店。这个项目中，我们没有像大多数店铺一样，选择离入口最远的空间作为货仓，而是设计出核心地带，把客人引导至中间地点，并通过打造空间深度，提高客人在店内的洄游性。为此，我们把原本应该设置在最里侧的货仓相应的空间放到外侧，并在中部设计了塔状的货仓。当店员穿过高台到库房拿货时，由此形成的振动和声响会在店内形成"人气"。银座店也沿用同样的理念，利用7米高的层高，设计出更高的塔状结构，在其中设计了库房以及与二层空间相连的开闭式桥梁。如此一来，哪怕距离太远，店员也都会在视线范围内，当店员去库房取货时，双方彼此都能明确对方的存在。

　　此外，说到"动线"，这里想提一下"DESCENTE BLANC"。这个项目更多地是注重可以动的家具。这个系列的空间是对"店员去库房取货的行为"重新设计之后所形成的。第一年的 3 个项目即代官山、福冈、大阪的店铺层高都很高，考虑到便利性，如果把屋顶下方的部分设计成库房，当场就能拿到库存的话，就不需要让客人等待。这么一来，店员上上下下的动作能给店内空间带来生机，而其升降系统也能被运用到陈列之中，做出吸引过路客人的陈设。

以上几个案例介绍了我们设计"动线"的方式。而在智能手机时代到来之前，我们已经在初期的项目——"NADiff"之中尝试对"动线"进行设计。这家书店是不久之前设计的。由于"NADiff"是经营美术类书籍的书店，店内会有很多硬封精装的大型作品集。同时，店主芦野认为站着读书的人越多，美术书就卖得越好，所以如何让站立看书的读者长时间停留成为了很关键的因素。因此我们对台面的高度进行了设计，为了方便读者阅读厚重的美术类书籍，对平铺在台面上的书的高度进行计算，使得美术书摆上去时的高度正好适合阅读。这样一来，因为读者把作品集摊开放在平铺的书上，想买平铺在货架上的书的读者会先看看其他毫不相关的书，在这个过程中对其他书产生兴趣，如此循环往复，店里站着看书的人便会源源不断。

Title   **2014** | "**EN ROUTE GINZA**"

这是一件巨型家具，兼具仓库、挂衣架、试衣间、收银台等多种功能。我们把它放到挑空空间的中央，用它来构成新的空间。在这里，仓库里来回走动的工作人员被当成店铺人气的组成部分。

Title   **2019** | " **Ginza LOFT** "

为了吸引顾客停留更长时间，整个空间融合了适度难懂，又能体验发现新事物之乐趣的设计。不
同楼层售卖的商品种类各异，货架、展台的设计也都各不相同。

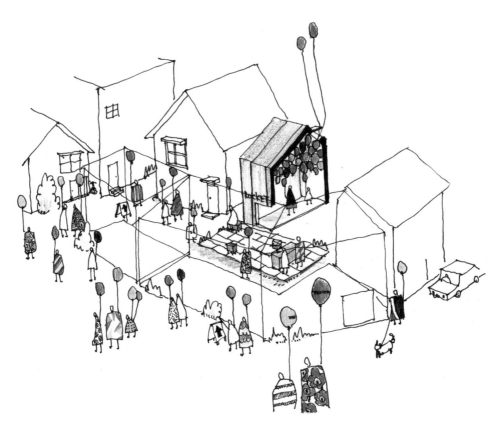

Title　**2012**　| "**MARIKISKA IN TOKYO @ROCKET**"

从原宿 "Marimekko" 总店到位于原宿深处展场的路上，给客人发放气球，以此构成导视标识和宣传广告。后来这些气球被聚集到会场内，整个会场也因此变得生动鲜明起来。在这次活动中，我们尝试对人的行动进行了设计。

Title   2017 | " DESCENTE BLANC Yokohama "

在本次店铺设计中，我们从店陈→库存→收银这一销售流程之中提取出 "库存" 环节，把它放到天花板之下，通过升降式的设计来缩短销售流程、减少销售机会的流失。把升降式的库存降下来，又能形成店陈，店铺空间也可由此做出变化，呈现出各种不同的面貌。

7 | 误用

　　误用的意思是"使用与原本用法所不同的使用方法、错用",通常被认为是偏贬义的词汇。不过我认为翻修即是"找到不同于既定用法的使用方法",从这个角度来看,"如何错得精彩"将会成为一个很重要的元素。促使我思考这个问题的,就是"HAPPA HOTEL"展。

　　某一天正好聊到这样一件事:在东京的主要画廊做一个实验,尝试把建筑师的模型作为商品进行展示。我们的邻居正好是"青山|目黑"画廊,如此巧合,不如就参加看看吧!于是找到青山来商讨具体细节。但当时我尚没有值得以模型的形态留存的知名作品,于是想到了以"将来想要设计的HOTEL"为主题的1:1模型,"HAPPA HOTEL"就这样应运而生。作品的主题是"可以入住的展品",住宿成为必要条件,将画廊兼办公室误用为可入住的酒店设施。此外我还想到,画廊、办公室通常是白天使用,而酒店则主要在夜晚登场,

因此整个企划项目就从找到解决此种矛盾的方法开始入手。起初我很担心，如果这个问题解决不好，那么员工就需要连续一个月不眠不休地工作，为此绞尽了脑汁。所幸后来我找到了 3 个适合本项目的地方。改修时由于希望办公室空间尽可能大，于是把落地窗放到了既有的卷帘门外侧。也因为如此，我想到了利用卷帘门与落地窗之间 60 厘米狭窄空间的方案，晚上下班后拉下卷帘门，只要有落地窗入口的钥匙，客人便能自由进出。确定方向之后，先设计出了两个客房。另外，建筑本身在结构上有个很大的特点：卫生间附近部分与仓库、办公室之间有一道可以上锁的门，层高也非常高，因此把这部分空间利用起来，把床吊到卫生间上方的部分作为悬空的卧室，这样又多出来一个客房。夜间时段画廊一侧的门上锁之后，入住的客人可以拿到外侧入口的钥匙，自由进出。

经过这次误用，画廊部分变成了可以住宿的场所，作品因此得到日常化，这里的日常本身也成为了作品。此外，作品与日常之间的界限在这里变得模糊，因此我们也非常希望住过"HAPPA HOTEL"的客人对于日常生活产生新鲜的看法。把这个地方当成办公室兼画廊的我们，也因为这一次误用认识到"房间"这一单位的新定义以及新的可能性，获得了新鲜的体验。如果设计条件完全自由的话，可能就出不来这么细长、如此靠近马路的异常空间吧。想到这里，就觉得很高兴。

偶然了解到这项活动的"LLOYD HOTEL"艺术总监苏珊娜·奥克斯纳 [Suzanne Oxenaar] 找到我们，邀请我们参加日本的"LLOYD HOTEL"展，作为日本与荷兰建交 400 周年的纪念活动之一。我在这个项目中担任了日本窗口兼酒店公区的设计。需要事先说明的是，"LLOYD HOTEL"的概念其实是对于日本情侣酒店 [love hotel] 的误用，"LLOYD HOTEL"即是这项误用的最终形。这件事要追溯到大约 30 年前，那时苏珊娜在日本住了一年左右，她把日本当时的情侣酒店解读为"最低配置的前台""可以根据当天心情随意选择的种类多样的客房""充满爱的酒店"，并以此为概念做出了"LLOYD HOTEL"。她提出想要在日本这个激发她想出这项概念的地方开一家短期限定的酒店，于是就有了"LLOVE"展。"LLOVE"展邀请来自日本及荷兰的 8 组知名设计师和建筑师，给出命题"如何通过反向输入的情侣酒店对现存的物件和室内装潢展开误用"，请大家分别设计不同的客房。我们有幸设计了其中一间客房，其主题是"必须要 3 个人同时在场才能运作的供情侣使用的手动旋转床客房"。

Title **2010** | " **LLOVE** "

这是向情侣酒店致敬的一件展示作品。"爱巢"内有一张需要第三人帮忙手动旋转的床。

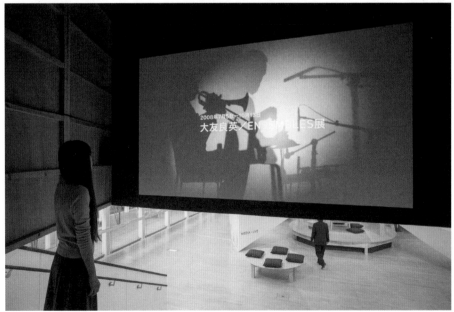

Title   **2013** | " **YCAM ARCHIVES EXHIBITION** "

这是一处光线充足的影像展示空间。

Title   **2009** | "**HAPPA HOTEL**"

我们在办公室里做出了一个只开放一个月的展示空间，观众可在里面住宿、游玩。办公室里
能够与办公功能区分的空间，被改造成了独立的 "客房"。

Title **2019** | " **JINS Ginza Loft Shop** "

在这里眼镜是最关键的主角，因此我们选用 3M 品牌最顶级的海绵来设计眼镜陈列柜。最终在
LOFT 这个令人眼花缭乱的空间之中设计出了一个个性鲜明、识别度极高的空间。

8 | 打破前定和谐

　　大概 3 年前，我有机会在巴黎度过了整个 9 月。去到河边，发现不管男女老少，有的在跳探戈，有的在参加锐舞派对 [Rave Party]，广场上到处有各种街头艺人在表演，市民们也都随意地或坐或躺，悠闲地欣赏这一切；在街角、车站等地则会看到大提琴手、风琴手、吉他手等各类音乐表演者，演奏着美妙的音乐；街上的咖啡店里，常常可以看到点一杯咖啡就能聊到海角天边的人；城市里到处散落着画廊，可供随意欣赏；只是闲逛，就能撞见市集或者二手市场；到了晚上，城市里各个角落的酒吧、餐厅、咖啡店都会挤满聊天的人。那个时期的巴黎给我的感觉就是整个城市可以当成公园、美术馆、家来使用，哪怕只是在马路上散散步也会感到幸福。那时候我突然想起我决定学建筑的原因，是因为我想要过上这样的生活，希望能够参与到将这个理想变成现实的过程。

我的青春期即２０世纪 80 年代，日本正处在美国全盛期过后的泡沫经济时期，这个时代背景对我产生了极大的影响。那个时候的日本跟现在差不多，是完全倒向美国的，因此那时人们的业余娱乐项目例如休闲活动、音乐、电影、体育运动等几乎都是由美国输入进来。并且这些事物只有在某些特定的地方花钱才能享受到。在"预想之中"的完美演出之前，我们显得特别被动，只是呆然地看着。这些项目的费用对于当时的我来说并不便宜，只不过对于这类事物有所渴望，不希望它们就此终结，所以尝试着强制性地把这样的光景放进自己的日常生活。比如看完《壮志凌云》之后情绪高涨，买来了"HANES"的白色 T 恤，以为穿上后能变得像汤姆·克鲁斯那样帅气，结果发现并不是那么一回事，随即陷入充满挫败感的低落情绪。去迪士尼乐园玩也是，当下会沉浸在完美的梦幻世界里，而当坐上返程的电车，看到司空见惯的日常景象，则会突然间被拉回现实，脑中一片空白。即便是评价很高的演出，比起不能弄出声响的紧张气氛，印象更深的是被迫观看的压抑感。与之类似的，那种因为前辈的推荐而去参观，出来之后不得不说出"很好"的评价的美术馆，也会让我感到束手无策。十几岁的我，在日常和非日常之间来来去去，对于娱乐的前定和谐式的存在方式产生了疑问，开始觉得日常生活应该可以接纳更多更丰富的东西，而这样的想法一直保留到了现在。

幸运的是，身边有很多想要成为艺术家、音乐家、演员的朋友，我向他们提出疑问，然后和认同我的朋友们一起，以"打破前定和谐"为目标，在可能的范围内开展展示场所的设计工作，策划了各种各样的活动。例如帮艺术家构思个展的展示形态、探寻派对的新形态等等。可惜的是完全做不出自己理想中的状态，每次都备受打击。由于我自身并没有扎实的理论或技术基础，做出来的东西缺乏说服力，于是只得进一步探索。虽然得出的结果有些不一样，但实在找不到完全贴合自己理想的领域，所以最终才决定学习建筑。建筑对我来说很有趣，我自己也对设计大型礼堂、会馆或者美术馆很有兴趣，不过最想做的还是更为面向公众的设计，更进一步来说，最想进入那种让人看不出是否真的需要设计介入的领域去做设计。昨天站在新宿站的站台上，放眼望去，发现视线所及之处几乎全是这样的地方。在这样的场所，哪怕我们参与到其设计过程，最终的成果也可能被噪音淹没而不得见。相对地，在可控制的范围内提出设计方案，反倒会更容易获得简单明了的成果，只不过这类事物在我视线范围之内可能也就占据不到 1% 的比例。因此，我还是更倾向于 99% 的那一部分，即能够关注日常的工作。希望有这么一天，可以看到自己生活的城市变成让人身处其中就能感到开心、情绪高昂的地方。

Title **2015** | " **Still Moving** "

这是为京都市立艺术大学迁移而设计的展示会场。我们认为城市自身应该成为被关注的对象，因此在设计方案中，尽可能地抹掉了城市与作品之间的界限。

第三章

"BLUE BOTTLE COFFEE"

"BLUE BOTTLE COFFEE"

一杯好咖啡，是由优质咖啡豆种植者、烘焙师、专业的咖啡师以及为此提供资金支持的消费者共同完成的。因为这些人之间的绝妙联系，我们得以随时饮用到美味的咖啡。想让来咖啡厅的各位消费者感受到这种顺理成章的平等关系，所以我们设计咖啡店内的柜台时，总是力求使柜台内外的地面高度保持一致，如此便可以保证站在柜台两侧的二者之间的视线高度不会产生过大的差距。而且消费者可以清楚地看到柜台后面的情况，给予消费者更高的透明度。此外我们追求的不是专营店千篇一律的店铺设计，而是让每个店铺根据其所处的场所绽放出独具特色、风格多样的表情。"BLUE BOTTLE COFFEE"店铺的空间特征就在于，每家店的选材、空间组合都是根据所处地点来确定的。

Title **2015**

" BLUE BOTTLE COFFEE KIYOSUMI-SHIRAKAWA ROESTRY & CAFE "

这家店的设计灵感来自奥克兰的烘焙厂兼办公室，将仓库改成了办公室兼烘焙工坊。店铺区原本只设计了 6 个座位，但因为开业当天大排长龙，最终临时决定增加座位数。2019 年翻新成为"BLUE BOTTLE COFFEE KIYOSUMI-SHIRAKAWA FLAGSHIP CAFE"。

Title **2015** | " **BLUE BOTTLE COFFEE AOYAMA CAFE** "

店铺周边绿化很多，让人看不出这是位于青山片区。在设计中我们结合周边的景观，让绿植融合进整个空间。店内座位也设计了不同种类，呈现出不同形态的"坐法"。

Title   **2016** | " **BLUE BOTTLE COFFEE SHINAGAWA CAFE** "

厨房区的地下需要排布进出水的管道，通常需要抬高地面。而在这次设计中为了强调消费者与
店员之间的 ˝对等˝ 关系，我们特意把整个饮用区座位的地面也相应地抬高了。这是 ˝BLUE
BOTTLE COFFEE˝ 首个运用石板材料打造的空间。

Title **2016** | "BLUE BOTTLE COFFEE NAKAMEGURO CAFE"

这个多层建筑物充分利用了既有建筑的特征，处于建筑内部的人能够意识到彼此之间的存在。由于它是工厂旧址，在设计中使用了原有的吊车，同时为了方便吊车上下移动，二层地面开了洞，原本的半地下空间则设计成储存材料的仓库。

Title   **2016** | " **BLUE BOTTLE COFFEE ROPPONGI CAFE** "

设计这个空间之前，创始人詹姆斯发来了一张柜子的照片，于是我们对其作扩充分析，重新设计，
最终形成了目前的墙面样式。

Title **2016** | " BLUE BOTTLE COFFEE SHINJUKU CAFE "

天、地、墙均使用了与公区相同的材料，设计出来的效果就像是商场公区里的共用咖啡吧一样。

Title　2017　| "BLUE BOTTLE COFFEE SANGENJAYA CAFE"

这家店所在的建筑物位于长长小路上的开口部深处。一般来说这样的地方不好找,但凭借着"BLUE BOTTLE COFFEE"的名声,这反倒是一处虽靠近车站,却能远离喧嚣、让人静下心来的咖啡店。

Title   **2018** | " **BLUE BOTTLE COFFEE KOBE CAFE** "

为了体现出神户的华丽感觉，我们选择用黄铜来打造空间。

Title **2018** | " **BLUE BOTTLE COFFEE KYOTO CAFE** "

这家店的设计是在严格的景观法规，有限的条件之下完成的，为了与周边环境协调而选用了与中庭地面石子同款的石料，用该款石料制作的室内水磨石地面，在不同地方隆起的台面是本次设计之中的亮点。

Title　**2019**　|　"**BLUE BOTTLE COFFEE SEONGSU CAFE**"

由于现存的地下空间非常棒，我们在设计时去掉了一层的大片地面，连通一层空间和地下空间，让客人站在楼上也能观察到楼下空间的质感。这家店成为韩国地区的总部办公室及烘焙工坊兼咖啡店。

Title   **2019** | " BLUE BOTTLE COFFEE SAMCHEONG CAFE "

这家店原本是韩国传统住宅〝韩屋〞[Hanok]，在设计上用红砖为主材联系室内外部分，二层部分
为了能够欣赏周边的韩屋群，于是加入了巨大开口，形成落地窗；三层的高度正好能够欣赏到虎殿，
于是设计成了能够欣赏夕阳美景的空间。

第四章

对谈 ｜ 土谷贞雄 × 长冈贤明

对谈

土谷贞雄 × 长冈贤明

[编者按]　长冈贤明早年在日本设计中心原研哉设计研究所工作，之后辞职，独立起业之后，提倡"长效设计 Long-life design"，在东京开着倡导循环再用的二手商店"D&DEPARTMENT"。专注发掘日本全境 47 都府道县具有所在地特色的日用品、食物。同时，他还开发旅游线路、建博物馆、办杂志、录唱片、拍电影……，他给自己的定位是"不做设计的设计师"。

土谷：　韩国济州岛和中国安徽碧山的项目，是怎样的项目？

长冈：　整件事的开端，是编辑左老师和商人王先生两个人一起来

　　　　找到我们交流。左老师是一名编辑，一直在调查那些人口

　　　　过少的乡村并致力于其景观维护活动，这些活动被编辑成

　　　　《碧山》系列丛书。而对左老师的相关活动提供支持 / 赞助

的人则是在室内设计行业取得成功的那位王先生。左老师是个比较活跃的人，他把村里留下来的一个物资配给站改造成了工作室兼具招待所功能的场所，在村子中央折腾出了一处极为有趣的地方。不过，他们两人都没有相关的运营经验，也不了解相关的方法，所以后来这个地方就闲置下来了。也就是在这时候，他们两人到新潟县看大地艺术节，回国前来了我这儿一趟。看完 d47 展，他们似乎觉得"这个很有意思"，然后就提出想做"D&DEPARTMENT"[D&D]。但是我们并没有积极拓展店铺的意向，于是告诉他们：如果有人想在自己当地运用"D&D"的经营模式，并愿意自主运营，那么我们倒是可以提供一些支持和帮助。后来因为他们提出想在那个村子里按照这种模式推动 [这件事]，于是有了两年时间的接触和交流，在这个过程中，我发觉他们是认真地想要做这件事，所以前段时间去当地看了一下，这才确认"这个事情可行"。

土谷： 已经开起来了吗?

长冈： 开了。店面在半年前就开起来了。

土谷： 诶? 一直都在开着吗? 这个院子看起来就非常惊艳啊。

长冈： 不好意思，正在运营的这个是"D&D"，我们后期还将和长坂常一起，在它的边上做出新业态——一间旅舍。

土谷： 这就是正在运营的"D&D"?

长冈： 是的。

土谷： 那么，长坂常是做"d room"和"d 食堂"?

长冈： 是的，两个都做。

土谷： "D&D"的经营模式，是所有分店都由"D&D"直营吗?

长冈： 我们只有 3 家直营店，但我们只是在构建一种经营模式，并不是真的想做直营。目前"D&D"有 7 家加盟店，平时我们做的事情就是管理官网和品牌，所以 [在这之中的] 角色更偏向于事业本部的性质。

土谷： 您刚才提到由当地人自主运营，那你们有帮忙一起把关吗?

长冈： 这个是有的。我们花两年左右的时间，和他们一起研究运营方法，等到时机差不多成熟，我们就会抽身，和他们说"再见" [笑]。一般对方都会很吃惊，只不过我们真正的想法是去培养人，而不是靠特许经营权来盈利。开始合作前，我们会事先提出"抽成 5%"的要求，如果对方不同意，就只好说拜拜了 [笑]。

土谷： 原来如此。那么，这次在济州的项目不仅有 D&D，还会结合旅游观光，或者说是做城市振兴? 项目的特色是不是在住宿这一块上面?

长冈： 我们在着手做一种叫做"d news"的新业态。我们手上有庞大的制造业网络以及创作群体，所以这家旅馆的概念就是，请他们来〔济州〕旅游，用当地的元素来创作，然后把这些作品留在旅馆里。也许可以把它称为"艺术家之家"。我们在济州岛的项目结合了 1 个画廊兼商店 + 带厨房的"d news"以及 13 间"d news"，是一个彻头彻尾的产品开发项目。将在碧山推出的是只有一间房的"d news"。

土谷：　就一间房？

长冈：　一间房刚刚好。不然一下子来一堆人也很麻烦，也没办法照顾周全。所以只邀请一个人，先让他理解整个概念，看对方想做些什么，然后一起发掘。在此期间产生的住宿费用也是灵活机动的，有的人收费，有的人不收费。

土谷：　做出来的东西就留下来放在旅馆里？

长冈：　是的，作为当地的特色产品出售。

土谷：　一般而言〔艺术家〕会在那里住多久？

长冈：　可能是一周，也可能是两个月。至于艺术家的费用、差旅费等的应对也有很多种模式，有的是自掏腰包，有的是我们给报销，也有各自对半分担的。因为这些设施都是用来开发与当地有关的产品，所以有时候也由企业支付所有费用。

土谷：　这里的企业〔赞助〕，意思是类似于济州的相关项目会有济州的企业来出资？

长冈： 济州的确是这种模式。

土谷： 那里还真是个非常袖珍的小岛呢。我自己也好想去看看。很多建筑师都在做济州岛的设计项目。

长冈： 济州的定位有点类似于冲绳。虽然那里是旅游胜地，但除了旅游景点以外，其他资源都还没有得到开发。发现这一点的是一位济州出身的美术馆老板，是他找到的我们。这才刚起步，后面还有很长的路要走。

土谷： 济州那边，接下来也准备开张了吗？

长冈： 大概明后天就要汇报方案了。

土谷： 有个现象我觉得很有意思。如果不把建筑当成简单的设计项目来看待，而是从城市基础设施规划的角度去切入，这种做法对于中国而言是一个非常好的尝试。就像当下非常火热的话题，大概从今年开始，中国将把乡村振兴和强化农民保障作为一项重要的课题。[因为] 在现在的中国，每天都有上百个村子在"消失"[中国传统村落保护专家委员会主任冯骥才语]。

长冈： 保障的意思是他们的日子陷入窘境，需要 [政府] 提供扶持？

土谷： 有这样的原因，也因为那些地方现代化建设未见起色，基建不完善，没有得到开发，有些地方连喝水还靠到井里取水。年轻人纷纷离开 [到城市里]，伴随着最后一个村民去世，或是整个村庄没落了，直到无人居住，村子就算是"消失"了。这样的情节在中国各地一直在上演。不过，正是由于这些地方没有推进现代化，村里的自然风光反而得以幸存，这一点很有价值。明白这份价值的建筑家们，最近开始从散落在大城市周边的小村落入手，在那里建图书馆、开咖啡店或者经营小型民宿等项目。但是从方式方法的角度来看很多还有待商榷，比如说建图书馆，实际上就是构建一种关联性，是延续以前的做法，并没有什么新意。此外，在有些地方还出现一些类似于新政府的机构，他们让剩下的人全部搬迁，进行统一的大开发，或者像安缦［AMAN酒店集团］那样把整个村子购买下来开发成酒店，最近这一类的开发项目还着实不少。不过我觉得避开这种大型投资项目，一边认真做一些规模较小的项目一边逐步涵养整个村落的做法挺好挺有趣的，很想知道它未来的发展。

长冈：　我懂你的感受。［这种项目］不好做，但是很有趣。所以，我们选择长坂常，也不是因为他的创作者标签，而是因为我们对他的模式感兴趣。"d news"最初提出的概念是，销售"不是书桌，却可以当成书桌的物件""不是餐桌，却可以当成餐桌的物件"。他的设计思维里也有"像家具一样的建筑"这种关键词，所以我感觉挺合适的。实际上，在此之前我就有想过和长坂常合作。不过考虑到酒店舒适性的时候还是会犹豫："那个人设计的旅馆应该不会舒适吧"[笑]。所以这次项目，从一开始我就强调"请设计一个让人感觉舒服的旅馆"，也一直跟他说"一起设计个像样的旅馆吧"。我经常跟他说的一句话就是"我们要做的是旅馆对不对？所以这个[想法]不行"。在内部装修上，因为旁边就是"D&D"，所以一楼做了咖啡店，二楼是"D&D"，三楼是"d news"，内容很丰富。

土谷： 旅馆和店铺？

长冈： 还有咖啡店、餐厅。济州那边突然起来的项目对我们来说规模非常大，其实就我本人而言，更喜欢日本那种带居住功能的店铺组合，所以那里的"d news"项目基本上就是以带居住功能的店铺为灵感。我们让那些可以制作东西的手工品制作者到人口过疏化的地方去，比如我们把位于岩手县农村的一间废弃空屋改成"d news"，然后持续投入完善其中的软件配备。随后，我们还在地方成立支援团，大家一起来完成当地调研。如果来到这里的艺术家从中找到灵感，说："嗯，我想用这种材料做个东西"，那么地方支援团便支持他把东西做出来，并留在当地。

土谷： 是指由那些到艺术家之家的人来做这些东西么？

长冈： 是的。

土谷： 您刚才说的软件投入，是指持续完善那里的调研吗？

长冈： 除此之外还有吸纳创作者，以及建立创作者网络。

土谷： 创作者就是指包括设计师在内的手工艺者？

长冈： 是的，就是直接制作东西的人。

土谷： 源源不断地送去制作者，不断投入调研、制作东西，然后村里提供支援。

长冈： 我们希望在全世界都采用这种模式。

土谷： 对于村里人的支援这件事，"D&D"是怎么看待的？

长冈： 肯定会有那么一些人存在的。因为我们已经做了将近 20 年，也有持续出版旅行指南杂志。每一期旅行杂志都会花大概 4 个月来制作，所以一定会碰到这样的人。

土谷： 原来如此。

长冈： 所以，只要我们提出"我想在这儿做一些东西"，就一定会有人来搭把手。如果不让当地常住的人参与进来根本就行不通，而且掺和了太多铜臭味的东西也不行。所以，举个例子来说，我们会把京都的金属网 [多指金属丝编织的日常用具] 工艺师派到济州岛，让他在那里发挥自己的技术特长，做出一些稀奇古怪的东西。当然，会给他们支付一定的费用。

土谷： 商品就在当地销售吗？

长冈： 主要是网络销售。现场也有卖，但是店一旦开起来就需要安排人手在那里，或者只有人在的时候才开门经营之类。如果金属网工艺师住进去了，那就在二楼销售他们制作的东西。工艺师本人则会去参观，调查当地的风土人情。所以，对于当地人来说，有可能这个地方今天是咖喱店，明天是金属网工艺品店，下回来是按摩店，再下一次则是三味线演奏……我们可以给这家店排满一整年的活动，我们用 20 年的时间累积下相当规模的 [创作者] 网络群体。所以，我们就有条件做一些事，比如 2019 年先让这些金属网工艺师到这 30 个地方都走走看看之类的。

土谷： 长冈先生也去吗？

长冈： 我不去。当地负责 d 项目的人会接待他们的。

土谷： 工具的问题怎么解决？如果要做产品，这些工具什么的，使用当地人的吗？

长冈： 怎么说呢，感觉这些东西都在慢慢地增加。最初开始的时候都是"还缺少那个，去买一个来吧"，现在的话，调查档案和工具都慢慢地越来越多了。

土谷： 变得像工作室一样了？

长冈： 是的。我觉得，还会再花 20 年的时间来做这件事。

土谷： 像这类场所，日本有几处？

长冈:	一处也没有。正是因为一处都没有，所以想和长坂常一起来做。
土谷:	没有在日本做，而是选择了从济州和碧山开始。
长冈:	没错没错。
土谷:	原来如此。我还以为已经在做了呢。
长冈:	虽然一直想做，但是在日本只是把"D&D"做起来了，做"d news"的想法很早以前就有了，但是在日本的这些人动作比较慢，所以中国人在这方面给了我很大的启发，让我们深刻理解了什么叫做抢占先机做生意。我们日本人，特别是想做"D&D"的人感觉是把这件事当成兴趣爱好，设计工作室开"D&D"，做不下去的话就接一些设计项目……所以无法做得突出，因此不挣钱。但是中国人看完〔我们的项目〕却有大量的想法，他们会说"这个东西要这么做才行啊""你得那样搞"之类的。他们还提出"干嘛不做呢？""我们会找人来投资，这件事要这样办才行"，他们表示希望让他们来做，做完了再把它引到日本来。
土谷:	比起做自己感兴趣的事或者提高收益，作为一条出路，把做出来的东西推向外面的世界也是非常重要的。
长冈:	可能是因为中国的钱没办法直接流出国外，所以我们准备在东京做一个专门面向中国人的"d news"。到时候只邀请

中国的创作者过来，在日本做一个日本人使用不来的"d news"项目。

土谷： 钱流不出来，人可以来。

长冈： 在日本做专门面向中国人的"d news"项目，源源不断地从中国派遣创作者。其中一个想法是，做一个中国工艺人的推广项目，比如把碧山的茶叶种植专家邀请过来，开一场中国茶的交流学习会……这些都不是我想出来的，而是他们自己提出来，并表示"如果做得起来可以考虑出点钱"之类的。可能到时候也会找长坂常做设计吧。

土谷： 所谓的"d news"，就是指创作者们使用当地的资源制作东西。比如说，中国人使用日本的资源做点什么。是这个意思吗？

长冈： 日本人也可以从中国的工艺者身上学到东西的，他们有非常庞大的人口。

土谷： 的确如此啊。中国的发展势头也非常迅猛。

长冈： 25年前，我因为公司员工旅行到过中国。

土谷： 25年前？那时候应该连高楼大厦都还没有吧。

长冈： 那时候的印象，就是中国给我留下的印象。最近我怀揣着那时候的感受又去了一次，发现已经变得彻底不一样了。

土谷： 肯定不一样了啊。

长冈： 我记得25年前住过的那家酒店，好像丢了一条毛巾，结果店里的人发现"少了一条毛巾啦！"，于是命令我们"把行李箱打开！"自那以后，我对中国的印象一直不太好。

土谷： 转变应该是在 2008 年的北京奥运会吧。奥运会带来了很大的改变……

长冈： 那个厉害了。总之挺有意思的。

土谷： 在济州会有一栋集合了"D&D"、"d 食堂"、"d news"和"d room"的建筑，碧山已经推出了"D&D"，接下来计划在附近开"d 食堂"和"d news"。

长冈： 是的。

土谷： 这种模式，今后还有可能再出现吗？

长冈： 有可能的。

土谷： 太棒了。如果能把他们分散开在城市的各个角落的话。

长冈： 通过小规模发展，由点及面，形成一套完整的程式，最后做到屋里所有东西都可以当场买到的那种规模。与其说是旅馆，不如说是商店更确切一些。基本概念还是一家商店，屋子里的东西全部都是二手翻新的物品，以及那些用当地的东西开发出来的物品，客房里的常备品、里面摆的家具也可以卖。

土谷： 放在里面的家具也可以买走？

长冈： 可以买。

土谷： 客人入住旅馆后，如果看到一个东西说"我中意这个"，然后就可以买走？

长冈： 是的。这里面有一整套非常完整的结算模式。同样的事情在日本很难推得动。

土谷： 现在我脑袋里已经有点概念了。所以我觉得今后搞建筑，不是说仅仅追求房子本身的意义，而是想办法将建筑和现存的乡村街道紧密联系在一起，这种模式本身就是一种公共基础设施。形成这种模式的流程也很好懂。

长冈： 关于"d news"，与其说是在人容易聚集的地方建一栋大楼再把人聚拢过来，还不如说是到人群集聚的地方去建房子。我们正在根据这种思路，稳步推进。我们在济州先建了一栋，接下来我们还会在那里的很多地方设立据点。其中有一处发挥起前台服务的功能，你可以骑着自行车转悠，感觉整个岛随处可住一样。而我理想中的建筑师应该是：不过多地突出设计者的个性，能很好地融入城市的景观，要对城市景观有深度理解，做出来的东西还必须确保开放的功能性。

土谷： 嗯，说到景观，我觉得他的意思应该是"不作为"。因为不做景观而融入，恰好是对于制造景观的唯一一种抵抗手段，这也是在当前能够行得通的方法。

长冈： 长坂常那样的人，只怕是前无古人的吧。

201

土谷： 确实是非常难得。的确，比如把时代感这样的东西，非常高明地融入"Sayama Flat"这个项目中。我认为这个项目的成功，给长坂常带来了出世的机会，也掀起了一股潮流，有段时间出现了很多做独立建筑的设计师。但是长坂常的确是在认认真真地坚持"不作为"。所以，我觉得长坂常那样的人，是很难得的。

长冈： 这次在设计济州的物件的时候，他的发言很有意思，他说"这么做的话，跟重新建有什么区别呢？"也就是说在做的过程中有点改过头了，因为听到"反正房子是自己的，可以根据自己的喜好，想开洞就开洞，想砸墙就砸墙"，他就说了这句话，大意也就是想尽量在原有的状态中进行删减，不做加法而是做减法。如果在这个项目中用了自己的建筑手法，结果就会跟新建项目差不多。他当时说的那些话，我觉得特别有意思。不过另一方面我们也很为难，因为做出来的东西必须要满足功能方面的要求。

土谷： 他还有另一个观点，那就是尽可能去考虑"如何让住户、用户参与到其中"，他认为未完成的状态其实更容易建立这种关联。

长冈： 把作为优秀建筑师的终点呀、外观呀之类的说法统统抛掉，却还能让人看出这是建筑师所设计的建筑物，也不会让人觉得"这不是自己的房子"。

土谷： 这点确实很"长坂常"。还有，我所想到的很有趣的一点是，打算来住的人都是在该领域有一定水平的业内人士，而且大家都能够使用得得心应手，两者之间达到了一种绝妙的平衡。这样的平衡如果是放到脏乱的营房身上，肯定是无法成立的，只不过因为有一批能够安然享受中间过程〔到达完成状态之前〕的水平相当的人士来住，才促成了"Sayama Flat"的成功。虽然我还没亲眼看到过〔笑〕。

长冈： 不知道那个项目还在不在呢。听说业主换人了，那栋房子似乎已经拆除了。

土谷： 不过我可没想过自己要去住一住。

长冈： 但真的挺有意思的。

土谷： 有意思，非常有意思。这点是毋庸置疑的。

第五章

"d news"

Title **2018** | " **d news** "

艺术家或者手工艺者可以来此地小住一周或一个月，感受当地的独特之处，由此激发新的创作灵感，同时与来自当地以及远方的客人共同参与工作坊，通过与客人的互动加深每位艺术家对于创作方式、思维方式的理解，是一个双向型的工作坊。工作坊一直层出不穷，但是由于大多时长较短且比较集中，很少有机会能让艺术家长期停留在当地获取灵感以供最新设计之用，而 "d news" 的推出，却能让双向型工作坊成为现实。

长冈贤明手绘的"d news"概念图

长冈贤明对于"d news"的诠释

客房

展廊

厨房

济州岛的"d news",于 2020 年 5 月开业。

"D&DEPARTMENT" JEJU by ARARIO

"D&DEPARTMENT" 是设计师长冈贤明于 2000 年创立的活动载体，以 "长效设计" 为主题，主打百货店风格。这项活动主要是通过商品销售、饮食、出版、观光等形态，重新审视各地的 "特性" 与 "拥有长久生命力，饱含地方特色的设计"，并将其介绍到全日本。在这个体系之中新加入了济州岛内最近竣工的新型 "D&DEPARTMENT" 门店——拥有长期研究会功能的 "d news" 以及面向国内外顾客的住宿设施 "d room"。济州岛项目的合作伙伴是生活文化创造企业 "ARARIO Co., Ltd."〔代表：CI.Kim/ 总部：韩国天安市〕，该企业经营理念是通过百货店、公交始发站点、美术馆经营的形式，给人们的生活带来文化层次上的感动。此项目坐落于济州岛北部的旧济州区，距离济州国际机场 15 分钟车程。20 世纪 90 年代，这里市场、购物中心、电影院林立，是济州岛最为繁华的街道，此后该街道迁至济州市南部的新城，但迟迟未得到开发，一度归于沉寂，但是该企业通过对电影院旧址进行的改造，开办了 "ARARIO MUSEUM"，之后慢慢收购周边的大楼进行改造，街道也因此开始恢复了往日的活力。另外，位于 "ARARIO MUSEUM" 周边，ARARIO 曾用作面包店、咖啡店、餐厅、办公室、仓库一体空间的大楼以及另一栋作为画廊使用的两栋大楼被整合为一体，设计成了 D&DEPARTMENT JEJU by ARARIO。在这一系列的开发活动中，除了 D&DEPARTMENT 之外，Schemata Architects 也有幸参与到其中，并把改造活动中的开发称为 "看不见的开发"，尝试探索新型的城市更新之道。

看不见的开发

通常我们所说的开发就是将一块区域包围起来，然后将这块土地上的所有东西连同其传承已久的历史全部抹去，再开始建设大楼、街道，新旧城区的交界线也随之清晰地出现在了城市之中。这种废旧建新式的开发已经在亚洲持续了数十载，虽然最终提供了便利，却也因此产生了无数个相同的城市，这些城市里有相似的空间，售卖着相同的商品，散发着同样的气息。这一现象并不局限于日本国内、亚洲，而是世界共通的。对于这种雷同的城市面貌，不仅仅是日本人，亚洲居民也都已经开始表现出了反感，与此同时，充分运用已有建筑物的活力来改造城市的开发项目也越来越多，我们将这种手法称为 "看不见的开发" 并开展研究。这种看不见的开发所带来的体验与欧洲所进行的保留厚重而崇高的历史感的城市改造又有所不同，我们尝试将各行其道、毫无统一感可言的建筑外观特征保留下来，从内部装饰上建立起相互之间的共同联系。这样一来，人们对旁边大楼看不见的内部装饰也会产生更多的想象和期待，城市带给人们的兴奋感也会得到提升。如此打造出来的城市一定能带给人们意想不到的体验。

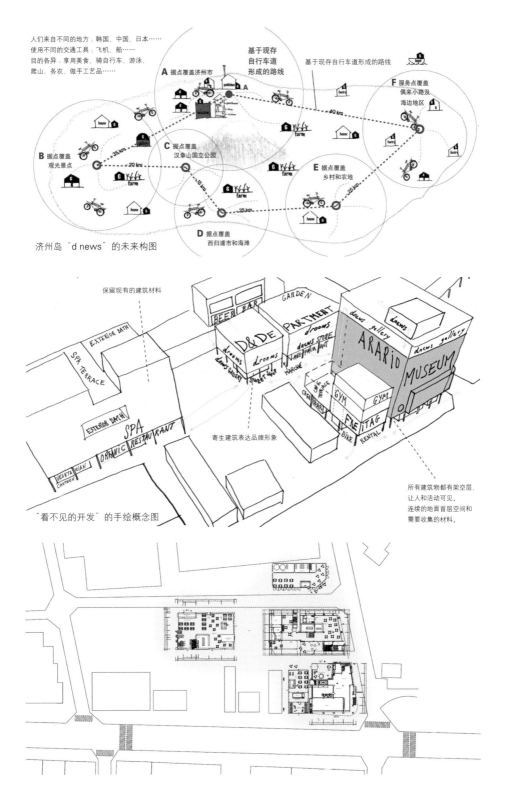

人们来自不同的地方：韩国，中国，日本……
使用不同的交通工具：飞机，船……
目的各异：享用美食，骑自行车，游泳，
爬山，务农，做手工艺品……

基于现存
自行车车道
形成的路线

基于现存自行车道形成的路线

A 据点覆盖济州市

F 服务点覆盖
偶来小路及
海边地区

B 据点覆盖
观光景点

C 据点覆盖
汉拿山国立公园

E 据点覆盖
乡村和农地

D 据点覆盖
西归浦市和海滩

济州岛 "d news" 的未来构图

保留现有的建筑材料

寄生建筑表达品牌形象

"看不见的开发" 的手绘概念图

所有建筑物都有架空层，
让人和活动可见，
连续的地面首层空间和
需要收集的材料。

第六章

对谈 ｜ 土谷贞雄 × 长坂常

对谈

土谷贞雄 × 长坂常

[编者按]　　土谷贞雄是日本都市生活研究所所长，之前参与主持了"无印良品之家"及无印良品"生活良品研究所"的立项企划、运营。2011 年与日本设计师原研哉共同创建立"HOUSE VISION"项目，旨在向世人介绍新形式的住宅研究及相关信息。土谷贞雄同时在日本国内和中国调研各种和住宅相关的生活样式。

土谷：　你现在对什么事情感兴趣？

长坂：　我现在最感兴趣的是，得到机会去研究自己没有接触过、没有想过的事情。有机会去更新认知，这是很重要的事。项目多的时候，这种状态可以维持住，有相应多的时间能够接触新的东西，这会让我感到非常开心。基本上很少碰到让我主动提出"想做这个""我现在对这件事物感兴趣"的项目，我一直在想，如果不主动提出，应该就不会出现自己理想中的机遇吧。而我说得最多的一个愿望就是"想要设计岛屿"。

土谷：　设计岛屿？

长坂：　我说的岛屿，指的是那种小小的无人岛，例如我喜欢思考，怎么样才能在濑户内海的无人岛上做出适合人居住的环境。赫尔辛基沿海边有一些类似岩石的小岛，岛上会有一些小小的房子。每当看到它们，我都会想"真棒，好想帮它们做设计"。这种小岛可以是只能容纳一家人居住的小房子的空间。而一个岛屿，不管是大是小，都需要从零开始设计。除了建筑物以外，电、天然气等能源如何解决？可以用太阳能吗；岛民如何才能去本岛或内陆；排泄物如何处理？有没有粪池之外的好方法；岛民在哪里吃饭？蔬菜是需要去市场购买，还是自己种？自己种的话，哪块地更适合？钓鱼的话什么地点比较合适？哪里更容易钓到鱼？如果设计岛屿的话，就有机会去思考这些平时没法接触过的东西了。另外，通常这种时候我自己一个人的知识储备是不够用的，因此当你找到别人寻求意见的时候，其实就在无形中增加了了解未知事物的机会。这就是我自己的一套了解未知、深入探究的方法，在这种条件下，我设计出来的建筑肯定会不同于以往。也就是《B 面变成 A 面之时》中青木淳所说的那样：我的设计手法相当他律。总的来说，通常我都会这样解释自己的想法，而我也希望有机会去了解自己不知道、并未真正了解的事情，尝试从中导出具体的形态，最终找到新的认知。因此很少会出现"我想做这个"之类的明确目标，我现在基本的想法就是：看清自身所处位置，并享受整个过程。突然想起来，上大学之前有一段时间挺闲，于是随意跳上一辆公交车，路上一边欣赏风景，一边期待自己即将要奔向的目的地会是什么样子。到站之后发现跟想象的完全不一样，那种兴奋的心情至今依然让我印象深刻。真是闲着没事做哈。不过，我做设计的方法就跟那次经历差不多。

土谷：　刚刚提到的那些细节，指的是领域的问题吗？不属于住宅的那些领域。

长坂：　应该是关联性。假设有一栋房子，那么人们如何从外地来到这里，进到房子里？如果房子位于岛上，那么可以想到的可能性就有很多了：可以是从船上下来之后再上岸、住到山上，也可以乘着船直接进到家里，人们从外部进入家中的方式，其实可以有很多选择。而且假设同一个房子里住了三个人而不是一个人，那么他们之间的关系应该如何发展？这样的问题也需要考虑到，因为每个人的兴趣爱好都不一样。可能我对巨大的城市没有太大的兴趣吧，当居住空间的规模扩大到需要平均化设计的时候，人们很容易将它与个体做比较，与过往做比较，这么一来就很难有新的发现。

土谷： 原来如此，这种观念挺不错的。那么你内心是不是总是希望，每经手一个项目就能学到新的知识？

长坂： 我很珍惜这样的机会。

土谷： 可以用蓝瓶咖啡 [BLUE BOTTLE COFFEE] 举例说明吗？

长坂： 厉害！您挑了一系列认知更新比较少的项目。第一次接到蓝瓶咖啡的设计工作时，我还不太了解第三波咖啡浪潮。当我去旧金山、洛杉矶考察，才慢慢理解蓝瓶咖啡想要表达的东西。蓝瓶咖啡最关注的并不是事物与事物之间的主从关系，在他们看来，采摘咖啡豆的人、烘焙咖啡豆的人、冲咖啡的人以及客人之间的关系是平等的，能够让喜欢咖啡的人聚到一起的环境，是主创团队最乐于看到的。理解了这一点之后，我开始考虑如何把这种关系"翻译"成具体的空间。例如厨房部分一定会有防水施工，如果用普通的施工方法，厨房地板的完成面会变高，不过我们没有采用传统的做法，而是尽量做出不让视线升高的设计方案。换言之，我们尽量让柜台内的工作人员和客人的站立高度齐平，以尽量避免双方之间出现视线的高度差。

土谷：　清澄白河店和青山店，哪家在先？

长坂：　最先设计的是清澄白河店，清澄白河店是以烘焙为主，为了配合考试、培训而提前半年完工，两家店开业时间只间隔了一个月，可以说差不多同时开业。在新宿店，外面路过的行人、坐在椅子上的客人、店内的咖啡师、商场公区行人之间的视线都在同一平面上。新宿店这个项目还在平面上把外部空间、公区的元素也融入到了室内设计之中。通过沿用内装地板、天花的样式来消除店铺与公区之间的界限，使得它看上去就好像是位于 NEWoMan 公区的一个咖啡摊位。商场里的咖啡店基本上都是给商场顾客休息的地方，原本就有点那种意思吧。在我的理解当中，"消除界限"是蓝瓶咖啡的基本方针，所以我们不断地尝试用各种方法来把这个基本方针反馈到空间里。其实我们就是坚持了这一点，剩下的就是结合各个时期、各个地点的特色来选择材料，复制这一概念。

　　　例如品川店，为了达到效果，我们把地面抬高了。

土谷：　是为了对齐四周的高度吗？

长坂: 我们把店内的地板提到了两层台阶的高度，确保管道空间。而新宿店是从商场规划阶段就开始设计，许多状况都比较好处理，才能做到与公区齐平的效果。再比如说中目黑店，由于咖啡店楼上是写字楼、楼下还有地下空间，地面难免会出现台阶，但我们还是会尽力去消除主从关系，不去刻意地制造"观察者"与"被观察者"之间的强弱关系，而是让两者意识到彼此的存在。当客人看到店员的时候，店员也不会高高在上地认为"客人来了"，彼此之间不会存在你强我弱的关系，这种平等的关系是蓝瓶咖啡始终坚持的点。

土谷: 单从高低差这点来说，是不是咖啡店都会这样？还是有所不同？

长坂: 通常 [柜台内的地面] 都会变高。

土谷: 因为要走管道？

长坂: 对，还有防水层等等。一般来说，做完防水处理之后至少会高出 20 厘米左右，所以厨房区的地面也要随之抬高。

土谷: 原来如此。

长坂: 当我们把地板稍微抬高，使得内外平齐之后，层高就会相应地减少，因此大家应该都会发现 [不同高度的] 分歧点。相对来说，美国那边的店铺没有去强调蓝瓶咖啡的"规则"，而我们把它做成了一个系列，并通过具体的形式表现出来，

右上 | "BLUE BOTTLE COFFEE SHINJUKU CAFE"
右下 | "BLUE BOTTLE COFFEE SHINAGAWA CAFE"

　　　　　所以我认为，比起美国的店铺，日本的店铺更多地体现出

　　　　　了创始人詹姆斯的想法。

土谷：　　它为什么会这么红？

长坂：　　我也不太明白。其中一个原因是咖啡的味道，另一个原因

　　　　　应该是新一轮咖啡浪潮的出现吧。通过明显不同的流程表

　　　　　现出与星巴克咖啡在味道上的差异，所以才火起来了吧。

土谷：　　一杯一杯精心手冲的感觉挺好的吧。

长坂：　　咖啡豆的采买、烘焙方式、混合方式、咖啡的制作方法都

　　　　　不一样，明显要花费更多的时间和精力。所以说价格下不

上 ｜ ˝BLUE BOTTLE COFFEE NAKAMEGURO CAFE˝

来。而且看完你会发现，所有分店在设计上都是各不相同的，每家分店的餐单也都有差异。不知道这种做法从商业角度来看是好还是不好，但是他们确实没有考虑过用类似盖章复印的方法去做出同样模式的店铺，而且很看重每家店各不相同的风格。

土谷： 原来如此。

长坂： 当下他们是肯定不会同意采用同款店铺设计方案的。且不论这么做是好是坏、是不是经济高效、是否继续维持这种模式，在店铺设计、菜单设计上的花费必然会分摊到每杯咖啡的定价上。他们不是按照"产品、市场行情→预期售价→考虑成本"的流程来思考，而是认为选用适合每种咖啡豆的烘焙方法、冲泡方式，以合适的价格卖给消费者，这样大家都会感到开心。我觉得，这是蓝瓶咖啡相对比较坚持的事情。

土谷： [摆东西的台子] 这种要求是甲方提出来的吗？

长坂： 甲方会提出"想要这种东西"，比如这个调味料台，也放杯盖什么的。

土谷： 每次都是用不同的设计吗？

长坂： 各有各的不同，只不过基本元素都是一样的。

土谷： 所有的设计都不一样啊。

长坂:	是的。
土谷:	除了"平等的关系"这个共同的原则,每家店都有不同的特色,你都是从哪里找到线索的呢?
长坂:	詹姆斯通常会给我发来他对于每家店铺的最初想法。目前做完了 12 个店铺,现在正在设计第 13 家店,节奏比之前快了很多,慢慢地需要自己创造出一些新的东西。
土谷:	是什么样子的想法?
长坂:	比如,三轩茶屋的设计就是从一段音乐开始的。店铺原先是住宅兼诊所,他家孙子继承了这栋房子,二层用于自住,一层出租作商铺。
土谷:	是一家小诊所吧。
长坂:	是一家小小的社区医院。那时楼下店面空出来,正好在招租,不过三轩茶屋位置比较深,店铺实力要是不够的话,很难确保客流,所以找到了蓝瓶咖啡。跟他们一说,对方竟然挺满意,把店铺租下来了。这栋房子已经有 50 多年历史,主体结构不是三合板搭起来的,也没有装饰水泥模具,整个房子看上去很粗犷。詹姆斯在看过房子之后说"这地方不错""从没看过这样子的",说见过有好看的杉木板装饰的店铺,却没有见过这样子的,于是决定"就是它了"。后来他给我发来了一段音乐《混乱的呼吸与顺畅的呼吸〔荒い息遣いと

滑らかな息遣い]》，并附言：就要这种感觉，常 [Jo]，你懂我的。[笑] 那时我尽管不太理解，但因为去看过现场，自己脑海中已经有一定的想法，所以会把两者结合。大概就是用"这么解释的话，就可以跟这段音乐联系上了"的感觉在推进。有时他发过来的不是音乐，而是一张照片。如果按常规做法的话，通常是会不知道应该怎么下手的，但因为我自己也有一些想法，再结合别人提出的看法，就有可能恰好找到自己没想过的方向，这样的过程还蛮好玩的，很靠近我说的"认知的更新"。

土谷：就像在玩游戏一样。

长坂：没错。比起"现在流行这种东西""这个很棒"之类的推荐语，詹姆斯的做法更有创意，也更有趣。他给我发的都是我想不到的东西，于是我会抱着试试看的心情去做。

土谷：这段音乐，你跟什么因素结合了呢？

长坂：听着这段音乐，我就考虑在空间之中突出白色部分与混凝土的对比，不过我考虑的不仅仅是整个空间给人的印象，也考虑到把基础设施放到哪里、通过什么细节突出表现主体结构。总的来说，只是为了突出表现主体结构，其实没什么好设计的，于是最终选择了把必须要置入基础设施的部分刷成整洁的白色，加入照明、基础设施等的设计细节，不做布线设计，保留粗犷的感觉，以这样的"读法"设计出了对比鲜明的空间。

土谷： 他是很艺术的一个人吗？

长坂： 是的。他原本是音乐家。听说他喜欢咖啡多于音乐，会买来咖啡豆，在家里用微波炉进行烘焙，磨好、冲好，分给大家喝。当这件事越做越大，就开始在农夫集市出摊，到了后来有人邀请他开店，才在旧金山开了第一家咖啡店。当店铺越做越大，在 IT 风投资金进入饮食行业的时候，蓝瓶咖啡正好碰上了饮食行业的成长期，成为大概是第三波咖啡浪潮中获得投资的品牌之中唯一一家实现增长的公司。

土谷： 第三波咖啡浪潮？

长坂： 我理解的是共同体之类的。

土谷： 不属于住宅，也不属于工作场合的第三地点？

[速溶咖啡属于第一波咖啡浪潮，以星巴克咖啡为代表的西雅图系咖啡属于第二波咖啡浪潮，第三波咖啡浪潮指的是融合葡萄酒、茶叶、巧克力的概念，通过不同的烘焙、冲泡方式，帮助消费者理解咖啡风味、品种、产地等独特个性的咖啡风潮。]

长坂： 这类在第三波咖啡浪潮之中起来的品牌有很多，但能做到这么大规模、投资运转顺利的，似乎就只有蓝瓶咖啡。蓝瓶咖啡的总经理不是创始人詹姆斯，而是布莱恩。布莱恩做到了不抹杀詹姆斯艺术性的部分，同时还能挣到钱。

土谷： 日本已经有 12 家分店了？

长坂： 即将要开业的是第 13 家店，还有可能会增多。

土谷： 那 "Aesop" 也持续在做设计吗？

长坂： "Aesop" 没有持续，只设计过最开始的两家店，最近碰巧又有一家新店找我们设计。

土谷： 能够持续下去，而且每次设计都不一样，这样感觉很好。

长坂： 没错。对了，我们也在设计布莱恩的别墅。

土谷： 那是别墅啊？

长坂： [美国] 犹他州的保德山 [Powder Mountain] 滑雪场里有一些类似山中小屋的设施，滑雪期间，可以吃住在那里。跟日本不一样的是，这样的设施不跟滑雪场分离，而是位于滑雪场中的某个固定的位置，这种文化最初在欧洲盛行，现在在美国也能看到。

土谷： 你们可以说是意气相投。

长坂： 互相很合得来。我发现美国人通常都会认为日本人的制作工艺很值得敬重。真正的原因，我觉得不仅仅是我们，还因为有一家名为 TANK 的施工单位，这样的组合让他们感到放心。

土谷： 你们在美国也有项目吗？

长坂： 在美国也有项目。美国的洛杉矶店也是我们设计的。

土谷：　是吗？那美国那边是不是有他们自己的设计师？

长坂：　有。美国那边有一个大概由五六名设计师组成的团队。最
近有聊到，日本的分店会越来越多，需要改变现有的体制了。
只是已经合作了这么久，很难找到一个比较恰当的分界点，
但我觉得如果分店数量增多，还是应该要做出改变。

土谷：　不知道会不会在中国开店？

长坂：　应该会吧。现在应该还在观望阶段，例如能否维持品质恒常，
会不会被抄袭之类的担心还是会有。可能美国人对于中国的
了解没有日本多，对日本可以放心，对中国还是会稍微有些
戒备。我也跟他们建议，告诉他们最好去中国，好好了解一番。

土谷：　日本开 10 家店的时间，在中国可以开出 100 家。

长坂：　确实如此。不过他们好像没有在追求店铺数量。

土谷：　想来也是。要是在中国开出 10 家分店，应该会火到不得了。

长坂：　经营方应该是很想扩大规模，只是詹姆斯并不是因为经营
层面的原因才选择了日本，听说他是因为对日本冲泡咖啡
的手法印象深刻而喜欢上咖啡，并把它们带到了美国。

土谷：　哦，是吗？原来是这样。

长坂：　是的。他去过大坊咖啡店等地方，发现日本的文化，尤其
是喝茶文化博大精深，于是把它们带回美国，加上自己的
理解，推出了具有独特风格的蓝瓶咖啡。

美国犹他州山中小屋建设过程

土谷： 原来如此。

长坂： 所以说，他应该是对日本有特殊的感情。

土谷： 今天这么聊，感觉可以一直问下去，不如选三个项目来详细说一说吧。第一个是"KIKUCHI TAKEO"、第二个是别墅项目、第三个是"Aesop"。"Aesop"是把老房子拆除之后，用废弃材料做了改造吗？

长坂： 是的。

土谷： 用废弃材料做成陈列架，对你来说有什么含义呢？

长坂： 其实并没有什么具体的含义，在设计"Aesop"的时候，我先去澳大利亚、美国参观了许多店铺，希望通过观察了解到"Aesop"注重的东西，最后发现他家的瓶子很好看。再仔细研究，发现瓶子的样子看上去都差不多，所以背景的设计就显得很重要。而且在参观现有店铺的时候，我发现当背景为旧木材的时候，瓶身会显得更好看。可是我又认为，从产品目录上选择做旧材料好像不太地道。于是就想到对寻找旧材料的方式进行设计：找到要拆除的房子，回收废弃的旧材料。因为时间有限，还给自己定下"感觉对了就做决定"的规则，之后便开始寻找老房子。后来听说施工单位负责人家对面的房子要拆除，便赶紧跑过去，跟对方商量"如果不要的话，可不可以把废旧材料给我们"，就这

右上 | 对老房子拆下来的废弃材料进行再利用
右下 | 在"Sayama Flat"的单间中，第一次尝试使用环氧地坪。

样找到了想要的材料。我们把这个老房子里的家具、地板、梁、柱都搬到办公室里，全部拆解成平板材料，用它们设计出了这家"Aesop"。

土谷： 原来如此。

长坂： 由于旧材料强度不够，因此在设计过程中我们定了一个规则：只把旧材料用作纵向支撑板；横向的搁板则选用新材料。这么一来，同一个方向上的木板有薄有厚，颜色也各不相同。

土谷： 原来是用了旧材料。

长坂： 是的。

土谷： 有其他〔手法〕类似的项目吗？

长坂： 桌子吧。"FLAT TABLE"。

土谷： 环氧树脂？

长坂： 这是一张老旧的长桌，原本摆在"Sayama Flat"样板间里的桌子被撤下来搬进了我们办公室，那时就想，有没有什么好办法能把凹凸不平的桌面弄平整，后来尝试着灌入调好色的树脂，发现了一个司空见惯的现象——凹陷较浅的地方颜色较浅、凹陷深的地方树脂的颜色变深，形成了不同的颜色层次。我们考虑给这个"作品"起名，后来想出了"FLAT TABLE"这个名字。我们用废旧木材进行堆叠，做出有高低差、凹凸不平的表面。整个过程中，树脂的颜色并没有发生改变，只不过是因为木板的薄厚而出现了颜色的差异。这个作品叫"UDUKURI [浮造]"，在木板上刨出不同高度，让树脂形成浓淡不一的颜色。

土谷：　这个作品已经商品化了吗？

长坂：　它现在是伦敦家具品牌 Established&Sons 的一款商品。这款"raftered" 在 SIBONE 出售，再有就是个人定制，接受来自世界各地的订单。

土谷：　是在这里制作吗？

长坂：　亚洲地区的货，是由之前共用 HAPPA 办公室的中村涂装工业负责制作的。欧洲那边的订单，是由曾经在我们事务所实习过的荷兰人制作。

土谷：　挺大的一项手工活。买的人多吗？

长坂：　还可以吧。

土谷：　哇。厉害。

长坂：　价格还算挺高的，通常都在 100 万日元上下，偶尔会收到订单。

土谷：　原来如此，了解了。接下来说说别墅项目吧。这个结构感觉有点奇妙，不过这个思考还在进行中吗？

长坂：　该建筑有点像是思考过程的体现：把我们独立完成的东西交给委托人，告诉他"可以这么用"，住户可根据自己的能力对自家做出个性化。这个项目的委托人是以前一起工作过几次的朋友，他提出想做一处像别墅又像住宅的房子，为此买下了整座山，从平整土地开始，通过独立分包的形式一点一点提出要求。所以我们是边建造边设计，业主也因此学到了相关知识，在后面的工序中也能一起参与进来。在下单之后，会先核实"这要花多少钱"再转账，因此哪怕出现小问题，他也能自己解决，这样的方式我觉得很好。业主希望自己能够掌控很多事情，比如配线、热水器的安装。业主本人从事很多工作，因为他需要通过某些装置收集数据，设计过程也提出了要求，希望天花设计成让他能够自由调整摄像头位置的样式。整个建筑就是在不断调整的过程中完成的。我在这个项目中也理解到业主其实也有很多个性化的要求，因此在后来的设计工作中也改变了确定某个"完成"时间点的思维模式。慢慢地，我们在建筑设计上开始注重如何给客户提供参与感，让他们能够自由微调、给建筑做出改变。比如之前提出过的，没有任何室内装饰、由住户自由发挥的概念方案，因为跟周边没有协调好暂时中止了，现在正在寻找新的地点。那个方案也是主张让艺术家入住、尽可能自由地设计一栋房子。还有一个例子，就是我们参与的京都艺术大学的设计提案，虽然最终没有

右 | "HANARE"建设过程

实现。这个方案提出了通过"interface［接口］"激发建筑与人之间的互动的想法，探讨如何设计更具人性化的存在。

土谷： 激发？

长坂： 激发互动的装置，一种联系人与建筑、辅助人类行为的存在，我们给它起了一个很建筑的名字，叫"interface［接口］"，以"接口"为关键词提出了设计概念，探讨如何让学生在巨大的建筑体中找到让自己成长的场所。对于美术院校的学生来说，干净整洁的空间并不是必需品，所以我们想通过粗犷的混凝土空间去给他们设计一种环境，让他们在其中随意创造属于自己的空间。这种事先准备好的体系被我们命名为"接口"，它也是我们最近想得比较多的，它既不是建筑，也不属于家具范畴，它有点像是藏身于建筑之中的微观组织，更简单地来说，可以把它理解成能用手动起重机挪动的一套体系——徒手搬不动，需要借助机械的力量。这个设计的灵感来于于巴黎的市场。在巴黎，一到清晨，街道就摇身一变成为市场，时间一到，它又能瞬间恢复原样。这是因为巴黎的路面上事先留好了孔洞，只需往孔洞里插入铁棍就能支起简单的棚子，所以工作人员提前一点过来，迅速搭起棚子，整个巨大的市场就能瞬间出现。

土谷： 这些孔洞就是"接口"？

右 ｜ 京都市立艺术大学的方案。第一次思考"接口"的落地方法。

238

C 地区：交流的 "孔洞"

@kcua 可以通过可移动墙板和管孔来实现一体化展示

可移动墙板 | 单管孔

可移动绿植

可移动搁架

绿植底下设有孔洞，可用以移动来形成空间

搁架可移动,促进面积缩减 [有效利用空间] 和更深入的交流

长坂: 没错，接口之中的微观组织。我们所理解的接口就是类似孔洞＋铁棍，可以借此自己轻松搭建空间的东西，或者体量太大徒手搬不动，但借助手动起重机就能自由挪动的架子这样的东西。比如日本建筑之中的"长押 [nageshi，柱子之间的横板]"，震颤教家具也有类似的部品，用于把家具挂到墙上。类似的这种对建筑起到辅助作用的、能够激发多种效果的东西，被我们称为"微观组织系统"。

土谷: 这个也是吗？这里的柱子。

长坂: 柱子上做好了可以挂横板的结构，让用户可以自由挂上横板，搭起屋顶，形成专属于自己的空间。

土谷: 哇，连墙面都能搭起来。

长坂: 比如利用对拉螺栓孔来搭建，就是微观结构系统的应用实例。

土谷: 有意思。

长坂: 巴黎的景观植物也全都是能用手动起重机挪动的绿植。

土谷: 是呢，手动起重机。

长坂: 在欧洲城市应该经常能见到。

土谷: 有有有，随处可见。

长坂: 大家都先把东西放上木托，用它们来搬运。

土谷: 这些又是什么？桌子？

长坂: 长椅、混凝土块之类的。

土谷：　对拉螺栓孔、长押，大致明白了。这个"可动壁"是什么？

长坂：　这是一种可以挂装的墙面。

土谷：　柱子呢？这面墙会挂在什么东西上吗？

长坂：　挂在横板上。

土谷：　啊，啊，我懂了。田锁［田锁郁男，NCN 代表］那个方案［Make House］，就有提出十字形柱子的想法对吧？

长坂：　那是木造的角钢，用了这种材料，就比较不容易碰到因为

+ 可移动的家具

+ 微观组织系统

太重而不方便使用的问题，可以轻松地自己加工安装。我们喜欢研究如何从建筑的角度去看待身边随时都在发生改变的一些事情，例如在城市或者稍微开阔一点的公共场所之中加入"接口"设计，尝试以此来刺激城市改变。

土谷：　你想表达的是，把活动的事物固定下来？

长坂：　我们考虑得更多的是如何去激发人们的行动，具体的手法可以是固定的，也可以给建筑加一些辅助性的东西。不管怎么说，建筑看上去总是显得笨重，而家具又显得太过轻盈。如果能找到介于这两者之间的东西，人们的活动也会变得更多样化吧。房车可以说是一个很好的例子，它是一种能够把人的日常行动带到户外的工具。当类似的东西越来越多，人们享受闲暇时间的方式也会随之增多。所以我们在想，如果从建筑的角度提供一些能够充实周边社群、丰富谈话内容的装置，应该会很有趣。

土谷：　在做"Make House"的时候，用［木制］角钢做成柱子，住户住进去之后也可以自己改造，意思是住户可以自己在上面装东西？

长坂：　相对于笨重的木方来说，角钢更为轻盈，同时也能做到双向支撑墙面。另外一点就是，让木方保持垂直，不是那么容易，因为太重。

土谷：　　所以说用了这种轻盈材料，业主也能自己竖起柱子了。

长坂：　　没错没错，就是这个意思，当然这也跟人的能力有关。说实话，有能力的人其实不需要用到角钢，而能力不足的人，给他角钢，可能也做不出什么东西来。

土谷：　　原来是这样，我懂了。这些微观组织最后会形成"接口"。

长坂：　　是的。

土谷：　　我明白了。

长坂：　　最近我们开始设想，在建筑身上加入一些便于安装类似"长押"结构的部分，让使用者可以自发、自由地进行个性化。

土谷：　　应该会很有趣吧。尤其是刚刚提到的公共空间、市场等地方，因为城市始终处于变化之中，如果只是对可变性做出设计，好像显得过于单调，而如果能提供某些吸引人去参与的组织结构，想必会得到相当大的青睐。

长坂：　　没错。日本地震频发，应该没有办法做到像欧洲国家那样。比如，认真观察巴黎的信号灯或者道路的边界线，会发现它们都是可移动的。这样的托盘式系统还挺常见的。

土谷：　　信号灯？

长坂：　　有见过这样的信号灯。正在进行新开发的地区，需要频繁更改信号灯的位置，如果是固定的信号灯就会比较麻烦，所以在一些地方还挺常见。除了信号灯，在欧洲也常看见巨大的

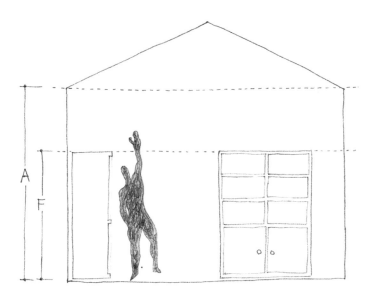

A = 建筑的高度　　F = 家具的高度

为了使家具与建筑之间难以下手的部分也能实现自主搭建，设计出了木制角钢。

垃圾箱。

土谷： 是的。

长坂： 那种东西 [垃圾桶] 也可以用车直接拉走。其实欧洲城市存在很多类似的构成元素，我觉得还挺有意思的。这类东西如果能够更大范围地组合进公共空间，也许就能打造出更具活力的城市，因此最近一直在考虑如何把类似的体系融入城市之中。我的灵感就是出自这里。

土谷： 原来如此。

长坂： 其实这反映出来，以前很少去考虑如何把建筑做成让用户自发使用的场所。在以往，一定会以某个时间点来界定"完成"，再往后就只需要考虑如何去维护，感觉建筑成为一件作品。把建筑当成作品的看法，我觉得并没有什么不妥，但从时代趋势来看，这样的看法可能已经不适合当今的时代。相比于大师级别的作品，我觉得去设计具有匿名性、看不出设计者是谁的建筑，会相当好玩。我们手上有很多改造、翻新项目，同理可以预见的是，尽管公共空间的更新频度并不高，但未来终究会有人把我们设计的建筑改掉。所以我越来越觉得，让自己设计的建筑止步于交付时间，这样的设计思路不太对，同时也慢慢发觉，以"变动"为前提来设计，会成为建筑设计真正吸引人的地方。

土谷： 如果在匿名性之中又能体现出长坂常的特色，那就很厉害了。

长坂： [笑] 那就不好说了，从别的地方也能看出来的吧。

土谷： 我觉得那才是最好玩的地方，虽说是匿名性的东西，但其中又体现出对于改变的包容性。

长坂： 这里 [作品集里] 的作品基本上都属于这一类，反倒是之前的作品，更多的是那种不接受外来事物，不接受改动，不容许噪点的作品，而作品集里有一大半都是在设计一种"容器"——不论放进什么东西，空间的质感都不会受到影响。

土谷： 以前也有设计过类似的作品吗？

长坂： 大概 10 年、20 年前，包括我在内，很多的建筑、空间设计都偏向于那种一尘不染的环境，让人感觉白色以外的物品都不能摆在里面。怎么说呢，就是那种很纯净、纯白的空间。而设计这个作品时正好是我开始转变的时候。

土谷： 这个项目有落地吧？

长坂： 有，这个有建起来。跟这个项目时间比较近的就是"Sayama Flat"。

土谷： 哦，是嘛。

长坂： 可以看出来 [两种风格] 完全不一样。可以说是自己内心的纠结，想要掌控所有的自己和允许自由发挥、允许外部因素参与的自己之间的对峙。

土谷： 书名"B面变成A面之时"指的就是这个意思？

长坂： 是的，没有错。我自己隐隐约约地感觉，B面变成A面，指的就是这一个时期。"就是它了，建筑就应该是这样子"，这个想法最终以书名"B面变成A面之时"得到呈现。在写那本书的时候，我还不是很肯定，所以内容风格也更偏向于诙谐调。如果那时对自己的想法深信不疑，那么书名应该会更强势一些。只是那个时候也确实是自己内心B面与A面之间正处于不分你我的时期。

土谷： 话说"KIKUCHI TAKEO"的事务所办公室，跟店铺在同一个地方吗？还是只有办公室？

长坂： 跟店铺在一个地方，一楼是店铺卖场，二楼是办公室兼卖场，三楼是咖啡店。原本找我谈的时候，是打算采用一楼咖啡、二楼卖场、三楼办公室的分布形式，聊着聊着发现"客人根本不会上楼，没有人会进店买东西吧"，又想到，如果菊池老师在这里办公，那应该想办法让大家能够看到他，菊池老师也可以观察店里的客人，看看他们都穿什么样的服装，客人向菊池老师询问"怎么样，适合我吗？"他也会感到开心吧。

土谷： 菊池老师应该会变得很忙吧。

长坂： 没想到菊池老师居然回答说"这个想法不错"。别看他岁数

Title **2012** | " **TAKEO KIKUCHI SHIBUYA** "

木材和铝型材结合的窗框。这是 ˇTAKEO KIKUCHIˇ 的办公室。从店铺卖场外可以看到里面的状态。

挺大，其实他是个非常宽容的人。菊池老师听完我们的想法，说："挺有意思的嘛！"于是就这么定下来，对整个楼层分布进行了调整。整个建筑物其实是扁平状的，非常薄。进深只有 4 米左右，面宽却有 20 多米，而明治大道上的人又那么多，如果全部开放的话，店内的商品全都一览无余了。那样一来，客人也就没有必要进到店里面，因为站在外面就能看得清清楚楚。结果这个项目的重头戏就变成如何在店铺里面做出层次，所以就设计成让人看不清窗户位置、看不出内部结构的样子。

土谷： 这是什么？

长坂： 窗户，可以打开的。

土谷： 为什么是黑色的？影子？

长坂： 应该是。这个项目正好在大地震之后启动，那时候人们发现地震时打不开窗户的大楼会造成很大的问题，也就是说，里面的人无法通过自己开窗进行换气。除了想把窗户设计成可以打开，我们也把它当成一个层次，然后再用家具做出另一个层次，一点一点地遮住店铺的陈列。另外，店里的陈列架都是带背板的，所以当同样的架子围成一圈，客人就必须要绕到里面才能看到商品实物。通过最初的流程设定，让客人必须要绕到架子背后。这种引导顾客走动的动线设计，通过外立面的表情和家具摆放得到实现。人们沿着这条动线走到楼上咖啡厅放松过后又回到楼下，重复同样的流程，这样就能尽量弱化狭窄的进深。

土谷： 办公室在哪里？

长坂： 在这里。

土谷： 看上去不大啊。

长坂： 公司总部设在其他地方，所以这里更多地是当成会客室、会议室使用。从任何角度都可以看到办公室里面的场景。

土谷： 啊，原来这样，了解了。今天终于明白了 A 面和 B 面的含义。另外我觉得"接口""微观组织"两个概念，还不是很清楚。

长坂： 接口之内包含微观组织系统、可动的部件、可移动的东西。

土谷： 比如对拉螺栓孔就是微观组织，具体的部件就是接口。

长坂： 可以这么理解。我希望通过这两种概念去给建筑加点东西。

土谷： 明白了。非常谢谢你。

长坂： 在做"Sayama Flat"的时候，我发现了一个很好玩的事。感觉在那之前的住宅大多是非常洁白的建筑，必须一直保持干净，总有种奇特的紧张感。那段时间我也沿用这种做法，却发现"这把椅子不行"，或者觉得业主买来的东西"跟我想象中不一样"。概括来说，那时候的建筑就像是装饰物，当时我也是这么认为的。所以，当我看到人们依据个人喜好随心使用"Sayama Flat"时会觉得很有趣。于是我自问自答道：为什么会发生这种现象呢？为什么会觉得有趣呢？我没想明白，因为这在当时的大环境中是很少见的。"我也知道很有趣，但是到底有趣在哪里呢？"——这就是我在"Sayama Flat"刚完工之时感到的疑惑。为此我通过各种实验对其进行探究，其结果正是《B面变成A面之时》中所写的项目内容。总结而言，其中的一项探索就是：如果设计了"Sayama Flat"的长坂要做新项目的话，会设计出什么样的建筑呢？我自己也不是十分明白，所以会去思考、纠结。在那之后的项目就是"HANARE"，那个山上的项目。

土谷： 可以说这是改建项目中才会发生的现象。

长坂： 首先要意识到，改建指的是对建筑做减法，是通过做减法来完成结构重组。

土谷： "减法"指的是剥离、拆除吗？

长坂： 是的。

土谷： 意思是运用设计语言，对以往的白色方盒子进行删减。

长坂： 也可以这么理解吧，精简要素。基本上来说，在那之前，通常认为建筑就是加点东西、做一点设计。例如，拆掉墙面装饰之后，首先会毫不犹豫地把墙刷白。不过我感觉通常在开始设计方案的时候，就已经把"将墙壁刷白"这件事当成了前提。但是，涂刷也是一笔成本。碰到"Sayama Flat"这样完全没有相关预算的项目，就得想该怎么办，后来决定先把墙拆掉。在拆除的过程中，意外地发现有些地方很好看。

土谷： 发现好看的部分之后，又是在什么时候决定停止拆除的？

长坂： 拆除的过程中我就发现，要遵循一定的准则。比如我和负责人之间会产生不同想法，也会同时认为拆掉某个部分会更好。

土谷： 具体来说是什么样的准则呢？

长坂： 我觉得是能让人换个角度去观察。比如隔扇，在连贯的东西中，这么一个隔扇好像不是很好看。但换个角度想，又会觉得，如果隔扇在这个背景中显得突兀，那不就意味着它很容易让人看见吗？再例如厨房，维持原样可能不太好，但如果把周围部分都去掉的话，或许反倒会觉得这个厨房也不赖？简单来说，准则就是，以肯定的态度去对待现有东西。然后，在拆除的过程中，必须保留基本的功能——马桶不能拆，浴室不能拆，橱柜也不能拆——这些东西都是具有实用功能的。但是，这房子不是给四人家庭住的，所以房间的隔断就不是那么重要了。这样一来就需要考虑，怎么样才能让最终留下的东西变得显眼呢？很奇怪的是，明明刚来的时候不觉得橱柜、隔扇、推拉门这些东西有什么好的。通常的反应会是这样子。而这栋楼的 30 多间房都很破旧，我一间一间看过去，看完大家住过的地方，想起来这是个改造项目，既然看上去不怎么样，那就考虑全部都拆掉，全部重新做，涂白什么的。后来认真一算，发现这样的设计要花费 350 ~ 400 万日元。在知道这个方案行不通之后，就开始想办法，结果只能是最大程度地利用现有的东西。从功能角度来看，厨房位置是不能动的，当然浴室位置也是不能动的，洗手间也是一样，这样一来房间里面就出现几个不能挪动的功能区了。但其中也会出来一些可以拆掉的东西。比如通常榻榻米房间里都会衔接一个凹间，而凹间这种东西给人感觉很陈旧，可是因为拆掉了榻榻米，突然出现了一个凹间，出乎意料地会给人眼前一亮的感觉。渐渐地，我开始意识到类似的情况。比如这个拉门，乍看之下感觉并不怎么样，因为由榻榻米、拉门、土墙这一类常规的东西构成的空间，看上去稀松平常。但当你换个角度，当把它放到水泥板之中，这个东西突然跳到眼前，一下子吸引了自己的视线。像这样，只是改变了背景，就可以使自己对事物的看法也产生改变。

土谷： 这种做法也可以算是一种准则。将背景刨除，让主体凸显出来。

长坂：　是啊。

土谷：　整体〔感觉〕会变得不一样。

长坂：　是的。在拆除之前，会先确定，比如哪些柱子要保留或者不保留。再比如，某个房间里的所有物件都保留下来，下一个房间中就不保留了。这样一来，留下什么，拆除什么，目标也会越来越明确，各自的规则也就在过程中慢慢成形。至今为止，只是凭最初的感觉来判断，随心所欲。但是在这个操作过程中，俯视的思考方式也慢慢成形，构成了稍微系统化的规则，例如"如果这个不保留，那那个也不要了吧"，"这个留下来的话，那边也别拆了"。规则就是从这些小地方一点一点汇总起来的。这也是好玩的地方，就像捡贝壳一样，某一天会突发奇想，只收集红色的贝壳。当这个项目中的团队协作的成分越来越多，便会出现许多思想的碰撞，方法论也就不知不觉成形了。成形之后，虽然知道效果很好，但是最初还没办法对其进行定义。后来，当住户开始住进去之后，我看到有人自由地把墙壁涂上颜色，在房里安装被炉，甚至有人直接在那里搭建帐篷睡觉，这些各种各样的利用方式，让我感到放心，觉得自由真好。

土谷：　有照片之类的资料吗？

长坂：　有的吧。大概在这里面。可能没有。有是有的，稍后给您。

土谷： 类似于"真棒"这样的感觉？真有意思。

长坂： 可以说是"真棒"，也可以说归结为"自由真好"吧。感觉还是"自由真好"的比重大一些。

土谷： 是的。毕竟建筑物会有局限。

长坂： 没错，不过那时我会惊叹"居然还能这样用"，认为他们有些不负责任。仔细思考原因，发现是因为自己没有做出一个完整的外形。基本上都只是在对别人建好的东西做减法，剩下的也并非全部都是由自己来创建，只是将其视为一个组成部分。隔扇是既成的，框架也是如此，如果还有榻榻米留下的话，亦是如此，包括橱柜也是，里面没有哪样东西是由我设计的。这也是理所当然的，因为我一直在做减法。由于不是自己的东西，投入的感情也很少，所以很好下手。而且由于门槛低，大家对这类东西都习以为常，所以不会有不可以弄脏之类的想法。如果把隈研吾先生设计的住宅交给我的话，会觉得把这堵墙弄坏，或者涂上颜色的话会不太好吧。不过做这个项目时就不会有这种强迫性的观念，大家可以随心所欲，这种感觉很好。现在这里没有资料，之后发给您。

土谷： 意思是说制作过程中做减法也好，创新也好，调整背景也罢，根据不同的操作会产生不同的效果。这样一来，就会给人带来不同的印象，从而孕育出不同的含义。这样才有趣。因为会孕育出不同的含义，所以看着就有趣。而这份有趣，也会传达给住在其中的人。

长坂： 因为不完整，所以会想要做些什么。比如屋里很冷，想要制作自己的床之类的。因为有些东西被拆掉了，所以大家都会想要做些什么。

土谷： 那么我感兴趣的地方是，做减法即拆除的结果就是背景的转变。用户有了自己的解读之后，经过进一步的加工，将之变成自己的东西。其实就是这么一回事吧，挺有趣的。用艺术来举例的话，假如未完成的东西也是一种艺术，那么我觉得将抽象画这种艺术原汁原味地呈现，本身就很有趣，[人们] 应该不会想着再去上色。

长坂： 不过那是一种思想上的束缚，因为我们受到的教育告诉我们不能去碰艺术品，我觉得适合改动与不适合改动还是有区分的。我的东西应该还是适合触碰的吧。因为我的东西对于大家来说不是设计作品，而更像是一种广为人知的东西。但是，大家都发觉其中肯定有什么特别的东西，于是从全国各地乘兴而来。这是真的，甚至有人特地从京都移居到这里，也许大家都觉得它有特殊魅力，并期待这个地方出现有趣的事情。

土谷： 当时怎么宣传的呢？

长坂： 都是我自己做的，通过网络等途径。当然，房产公司他们自己也会宣传。

土谷： 那肯定是没什么效果吧。

长坂： 那种方式太无聊了，因此为了召集有趣的人我使用网络进行宣传。把感兴趣的人召集到我们之前的办公室。然后来访的人中有从京都赶来的，还有很多艺术家后来真的搬过来了。正是这个时候我才意识到，这种自由的感觉真好。并且开始思索怎样才能在新建住宅的时候就营造出这种建筑风格。我当时想到的一个词就是"收放自如的关系"，所谓收放自如的关系就是意识到世界上存在一种稳定的紧张感。

土谷： 收放自如？

长坂： 是的。收放自如。没有奇妙紧张感的那种关系。后来的"HANARE"项目，就体现了我的这些想法。

土谷： 这中间也有很多尝试吗？

长坂： 在那个项目中，偶然遇到了进行第四次住宅改造的顾客。

土谷： 项目叫"HANARE"。

长坂： 这是一个以折腾改造为乐趣的顾客，想体会自己管理和建造的乐趣，所以提出想独立分包。他并不是没有钱。

土谷： 在那之前，是不是还做了其他的住宅？ AMANA 和世田谷的。

长坂：　奥泽之家。

土谷：　奥泽。

长坂：　在奥泽之家这个项目中，我开始觉得，对于设计的评价不
应该只有"好看"。我思考的是，类似于如何去爱一个让人
一筹莫展的建筑，一种表达爱的方式。

土谷：　去喜欢无法爱上的人。类似这样的？

长坂：　那种感觉，跟觉得"这个大叔竟然还挺可爱"是差不多的。
如果问我 [这个项目] 好不好看，我觉得也谈不上。只不过，
有时候会觉得"这个地方挺让人喜欢的"。

土谷：　你想的就是怎么找到、摸索出这样的感觉？

长坂：　会去考虑这样的感觉应该通过什么样的设计去实际落地。
想要将不好看的东西变得好看是非常难办的事情。比如这
里，这个三角屋顶其实是个装饰，从外观上让人以为这是
钢筋混凝土结构的建筑。从外面看根本看不见屋顶，还带
有女儿墙一类的东西，看上去是个完美的无柱空间，但开
始拆除之后，才发现这是个木结构的房子。再比如，从稍
微远一点的地方还能隐隐约约看到女儿墙背后的三角屋顶。
通常当我们发现"那个人，还挺让人感动的"，"充满人情
的地方很让人欣赏"，慢慢地就会倾注自己的感情。这个时
候，不是勉强去把不好的东西改得好看，而是以"这种感

觉就很好，你保持这种状态就很好，这种感觉会更适合你"的感觉去改造建筑，出来的空间会让人有舒适感。遇到好看的人我们不是都会紧张吗。但是，你要去告诉他"这样就挺好"，让他凸显出它本来的风格。这和我们与肥胖［丰腴］的人待在一起会感到放松的体验是一样的。那个时候我开始想，建筑上不是应该也有这种感觉的设计风格吗？因此，这个东西跟"接口"的概念稍有区别。比如说为了呈现无柱空间而拼命地用钢骨架进行支撑，但与其像这样把它们隐藏起来，还不如直接让它们裸露在外面。最终呈现的效果就是，晚上去这个地方的话，会发现房顶桁架清晰可见。

［这个项目中］我发现自己想做的是，让原本想隐藏的部分彻底可见，再由此打造出舒适的、有氛围的空间。我是这么考虑这个项目的。在那之前，我反倒会用更多的精力去想"什么样的东西才是真的好看"。

土谷：　这个舒适感，不就是暴露无余的感觉吗？就像说了不应该说的话似的。为什么会有舒适感呢？

长坂：　怎么说呢，并不是说出来的内容让人感到舒适，而是接受最终状态之后会感到舒适。

土谷：　去接受最终的状态。

长坂：　是啊。

土谷： 为了接受，而故意先把它剥得干干净净。

长坂： 是的。

土谷： 积极主动地去接受。

长坂： 就是那种"先笑完再认真想"的过程。这种设计，这种空间的优点其实很适合这个项目。因为，建筑物本身就是这样矛盾的。

土谷： 是的呢。

长坂： 不仅装了桑拿房，还把女儿墙藏起来，假装成钢筋混凝土结构，这样的做法真是太浮夸了，让人觉得有点可笑。但是，以前真的存在过这样的例子，尽管我那时还是孩子，但看到这样的房子也觉得真好啊，真是有钱啊。所以要说这种东西不堪入目的话，不会反倒让自己变得很奇怪吗？当我发现自己在考虑如何接受现状的时候，我会思考要怎么先让自己去接受这些东西。在这个项目中，我也担心，身边的大家是不是能认同我的想法。奥泽之家就是这样的一个项目，跟"接口"的概念应该没有太多关联。不过它跟"收放自如的关系"是相关的。你会发现，无论加上什么东西，都不会感到空气紧绷。在这里，你完全不会想说"不能把东西放在这里"，或者"这里不适合摆这样的家具"，这种极大的包容性本身就是很好的。在这个项目以及刚刚提到的"Sayama Flat"项目中，我一直在想，这种舒适度到底是什么。我也时常问自己，这种让人觉得舒服的东西，在新建项目中能不能做到？也寻思过，是不是把旧古董放到一起就有可能实现，并且找来一堆人探讨，一起想怎么才能做出这样的东西。这个项目可以说是一次实验。

土谷： 那有找到什么结论吗？

长坂： 改建项目的长处就在于，到你手上时它已经是多重人格了。它本身已经具有人格，我在它的时间轴、完全不同的材料上加一点什么，那个瞬间就出现另一种人格了。这样一来，第三人格会更好融入。但是，一个完整的人格，如果从1到10都是自己完成的话，就会表现出强烈的独立人格，一旦有不同的东西想要加入，就会被拒绝。而改建项目的优点在于，由于时间轴的偏离和其设计根本上的区别，基本上已经处于某种混乱状态了。而这种状态，有时是会让人感到舒适的，有一种理不清的感觉。但是在设计新房的时候要如何做到这种感觉呢？我想了很久，最终发现根本是不可想象的。因为新建项目采用独立分包方式，而我是完全没有闲工夫去为了表面装饰设计工序的。简单来说，我没有办法做出这样准确的工序——电工来一次，墙面做好之后，再叫来电工、油漆工施工，因此，我想设计那种尽量让专业工人来一次就能全部搞定的建筑。当然这样一来的话，结果就肯定会有很多东西露在外面，很多构造也会相当简单明了，并且在利用大家觉得比较高级的材料，比如大理石之类的时候，也不会采用常规的简约、现代的设计，而是会和圆木这一类相对笨重的材料相结合，来制造出容易融入进去的"缝隙"，我觉得这才能表达出改建的感觉吧。

土谷：　地板是大理石的，然后这里有木头。

长坂：　还有，比如这种大理石的话，通常会想到用那种简洁的，例如不锈钢等直线元素，能够干净利落加入其中的做法。但如果刻意脱离这种接续关系，反而插入其他角色，那么结果就会像刚刚提到的在旧东西和新东西之间创造缝隙一样，形成多重人格的空间。这样一来，人就容易融入进去。但如果用力过度、装饰感太强的话，这种自导自演的感觉又会变得显眼，况且限制条件比较多，所以只是最小程度地使用这种方法，比如对露出的管线做改造之类。再比如，去构想比较容易能预想到的未来，[这种做法的] 门槛也就自然地降低了。所以说，我也并非是没有在组织 [整个过程]，只是如果太过钻研某个"人格"，以此做出某种造型，那刚才说的那种无法动弹的紧张感就呼之欲出了。但通过叠加其他不同的元素，就能打造出容易融入的、收放自如的关系。

当时就是这样的想法。当然客户会提出自己的要求，即便我们想做到整齐划一、维持一定的质感，客户还是提出要装一个集热墙。但我们还是觉得最好不装，这样整个空间也会比较好看，然而客户一直强调，考虑到保暖需求，需要装一个集热墙。

土谷：　那是什么东西？

长坂：　先积蓄热量，然后在晚上放热，这样一来即便是在冬天，也能营造出一个温暖的空间，我们经常会遇到这样的客户诉求，所以别想要独自把控设计，这种想法简直是天方夜谭。

土谷：　但是那位客户不是跟你合作过 4 次了吗？

长坂：　不是和我，是和其他人一起尝试了 4 次。

土谷：　造自己的房子？

长坂：　自己家。

土谷：　但是你和这位也一起合作过其他项目吧。

长坂：　是的。他之前是日本最早的药店,水野药店的第四代继承人,最近放弃了那边的事业。他从初期就给我提供不同的工作机会，可以算是我的出资人吧。他真的是我的恩人，但是到了要盖房子的时候，就像变了一个人似的。他从来不掩饰自己的任何想法。

土谷：　所以你说做住宅时和做之前那份事业时完全不一样，原来是这个意思啊。

长坂： 是的。那种体会总而言之就是，把无法完全控制的部分或者为多重人格整合起来之后，反而会比单一人格、高度统一的东西更让人感觉舒适。然后因为这次是采用独立分包，所以没有那么多刻意设计出来的东西，最后感觉我们反而意外地创造出了一个令人舒适的空间。但是如果我们只顾着优先考虑如何把设计落地，也许就不会有现在的成果了吧。又可能最后会做出来很多太过精简的东西。要是考虑到隔热性能的话，肯定会选择木质窗框。如果这样的话，就是一个非常平庸的设计了，倒不如选择让人眼前一亮的玻璃。

土谷： 是的。肯定会想选大块玻璃吧。

长坂： 但是如果选择 Low-E 玻璃结合木质窗框的话，确实一点都不会冷。后来因为发生了地震，所以建筑师在设计方案时也开始考虑如何适应这种环境，但是当时 [东日本] 大地震还没有发生。好像适逢大地震发生之后吧，可能是在施工时发生了地震，于是在那种情况下做出了这样的设计。所以说，不能只依靠自己的理解，用现成的东西去做设计，而要吸收各种没有设想过的想法、意见，然后不断进行试错。这个房檐，也不是在设计方案中定好的。

土谷： 我早就注意到了。为什么要做这么大的房檐呢？

长坂： 是为了要挡西晒。[业主] 想看风景、湖景，只是很讨厌夕阳的刺眼光线。那干脆就做个卷帘吧？他说不行，不喜欢卷帘。那就来商量该怎么办，最终决定把房檐加长。施工时租来了吊车，设计时还对太阳的运行轨迹做出了计算。提前先把两个参数计算出来后，发现阳光只会照到三分之一的空间，所以就想着是不是要在对面放个沙发什么的，因为也不会觉得很热。

土谷： 好厉害。

长坂： 这样好像有种被看透的感觉。这过程中，最低限度的东西通过独立分包的形式分出去，剩下的就是讨论没有技术含量的部分该怎么处理。我觉得，这种感觉挺不错的。

土谷： 那么从某种意义上来说，跟委托人多多协商，也有很大帮助。当你尝试把改建项目中碰到的"多重人格"运用到新建项目中，便做出了具有多重人格的新建筑。

长坂： 是的。我跟 [这个] 客户之间，已经形成了这种默契。

土谷： 但是其中应该也有想要挑战极限的想法，或者说，这里面应该也有独特的乐趣存在。

长坂： 有。不过整个过程我真是快要哭出来了。太累了。我说真的。

土谷： 为什么呢？

长坂： 这个规模的分包真的是〔很辛苦〕。有时还需要考虑要不要做一些开发申请什么的，事情很多。

土谷： 这些全部都是自己完成吗？没有人做统筹吧。

长坂： 是的。但是这很有意思。这是一个非常有意思的项目。

土谷： 这就是真正的独立分包吧。也没有安全管理负责人什么的。

长坂： 没有。但是有一个木匠。

土谷： 脚手架是谁做的呢？

长坂： 脚手架的话是脚手架店做的。然后还有一个艺术家，也是木匠，这个人可以说是总负责了。

土谷： 大致是由他来统一管理。

长坂： 是的。他是名古屋人，不过项目期间搬到了千叶。于是就请他住下来，监督施工。那个人也非常有个性，于是业主和我们还有施工单位即这个木匠就在"不是那样的""这样也不对"的讨论过程中做完了这个项目。这个过程我觉得很好玩。

土谷： 意思是木匠也参与了对吧。

长坂： 是啊。

土谷： 设计之类的。

长坂： 还要面临预算的问题。

土谷： 这样啊。

长坂： 是的。整体感觉是手工制作，但其实并没有那么高科技，我们在设计过程中想得十分简单。

土谷： 这个房子看上去很冷啊，比如格子门之类的地方。

长坂： 不，一点都不冷的。

土谷： 是嘛，这里是不是加了隔热材料？

长坂： 上面有。

土谷： 上面加了，这里吗？会不会发生热冲击 [heat shock] ？

长坂： 因为是木材，所以不会发生这种情况。

土谷： 真的吗？

长坂： 真的。其中只有一处，因为门是钢制的原因，所以是蓝色的，其余地方均为红色。玻璃窗那边也是红色的。所有位置都安装了传感器。业主是一个十足的技术宅，所以会自己买传感器来检测，最后只检测到门那边不是红色。他这个人也是很追求完美的。在各种偶然逐渐重合的过程中，我开始对这种使用方式，对各种功能都能充分运用的建筑手法发生了反应。而且正好当时我们自己也正在设计"HAPPA"，一个画廊兼工作室。于是我们开始去除一些假象、表面上的东西，并且认真思考什么元素才能让自己觉得好玩，自己真正的需求在哪里。然后就发现，其实也没有必要给墙壁上色。就这样，我们开始在"HAPPA"生活、工作，也是在那个时候，我们的设计开始发生巨大转变，不再去做那些肤浅的、虚有其表的设计。

土谷： 从刚才的"Sayama Flat"到"HAPPA"，大概隔了多久呢？"Sayama Flat"是 2009 年完工的？

长坂： 是 2008 年。搬到"HAPPA"的那一年。

土谷： "HANARE"是 2009 年了。"HAPPA"后一年。时间挺短的。

长坂： 不是。"HANARE"是在 2011 年完工。

土谷： 在那之后做的是哪个项目？新建项目的话，是"TAKEO"吗？"Aesop"因为是内装设计，所以算新建？

长坂： "Aesop"是对旧建筑进行了改造。

土谷： 所以就像刚才所说的，改造的需求偶然地呈现出了多重人格。而你是想直接在新建项目中做出不同风格。这种思路会一直持续下去吗？

长坂： 怎么说呢，其实"HAPPA"也是如此，在设计上是没有任何固定规则的。比如说，我不会在开始设计之前就想好"从这个角度看上去很帅气"的方向，这种感觉最先是在"HAPPA"体验到的。我想要的就是那种"从这边看过去不错，从那边看过来也不错"的空间，比起用"好"来评价，还是"不错"更贴切一些。能够亲身感受到整个空间非常舒适，对我来说是一次非常难得的体验。因为这个空间的状态每天都不一样，比如之前这里放着一张桌子，突然有一天，桌子被换成了某个作品。像这样，许多东西唐突地加进来，令空间发生了改变。整个空间就在我们无法掌控的点上呈现出生命力，这样的使用体验我觉得非常棒。还有经常碰到的就是，只有在拍摄竣工纪念照时会将环境好好规整一番才进入拍摄环节，而通常情况下都是乱糟糟的、很让人头疼的状态。类似的情形在服饰店也常看到。我想要那种很自然、生动的感觉，而不是那种假装出来的好看。那种不管从哪个角度看都不错的空间，我觉得挺好的。而"Aesop"项目里应该也有很多这种元素。那时候我想的是，要设计出不会只让自己负责的部分特别好看的建筑。换言之，我想设计出一个让人觉得"这栋建筑不好看，但是建筑本身的某些地方还不错"的店铺。我在想有没有这样一种建造方法，可以让来到这里的人觉得周边一整片的感觉都挺好的。基本上我在建造中不会进行修补，我会在其外部和内部均拆完的状态下，就那样原封不动地交付使用，也不刷任何颜色。比如这里，虽然稍微修补了一下，但基本上还都挺脏的。这里原本也是有窗子的，拆除的时候混凝土出现了缺损，于是给它填上泥土，铺上了草坪，现在已经完全看不到混凝土的影子了。像这样，基本上就是保留所有的痕迹，先建造一个不通过内装来区分内外的建筑，再通过把窗框安到外墙上的方式，使得内外部分的界线更加模糊。到了这一步，我开始觉得，如果内部的东西做得好，那外面的部分应该也会让人感觉不错吧。再进一步延伸，就会觉得上面的建筑物看着也还不差了。整栋楼的气氛反倒让人误以为这家店已经开了很久。在设计店面的时候，固定规则就是"让四周都变好一些"的理念，而不是只关注如何把自己的店铺区域设计好。那个时候我开始意识到"不能只顾自己变好"。

土谷： 让周围感觉变好，是指消除违和感吗？

长坂： 感觉周围也一起变好。换个别的例子吧 [3.1 Phillip Lim MICROCOSM]，但是感觉上还是挺像的，就是在伊势丹那种极差的环境下，由某个时装设计师设计的空间。这个项目也一样，没有以白色盒子作为前提来设计，而是带着融入到环境里面的感觉来出设计方案，可以用"超速运转"来形容这次方案。具体来说，做法有点类似于利用镜子进行无限的反射。实际上只是在店铺空间里摆了镜子和家具，就做出了创造出空间的感觉。背景什么的完全没有动过。

土谷： 家具是你设计的吗？

长坂： 是设计过的。为了表达那种，怎么说呢，感觉。

土谷： 让周围的感觉变好，具体是什么意思呢？意思是带动周围的设计也有所变化吗？还是意指体现出周围的那些好的地方呢？

长坂： 是指让人觉得周围也不差嘛。

土谷： 感觉周围看上去也不错。

长坂： 没错。所以说，建一个漂亮的商店，很明确地划出自己的界限，就会有种如果周围也好点就好了的感觉吧。我要的不是这样的感觉，而是那种"哎呀，周围看上去也不差嘛"的感觉。

土谷： 是的。或许的确比起只有自己感到开心要更好吧。

长坂： 是吧。我就是认真地在想着如何在城市之中创建这样的联系呢。这个项目也在新宿，在某处。

土谷： 刚刚那句话说得真的很不错。周围不错嘛的感觉。这种表达真的很好。

长坂： 的确不坏。

土谷： 原本毫无特色的东西，因为有了这种元素的加入，也会让周围的人觉得这样也不错。

长坂： 即便什么都没变，还是会产生这种感觉。这种感觉跟在"Sayama Flat"时体验到的很像：明明什么都没有动，因为用了减法而让某些部分变得显眼，让人觉得四周的东西好像也不错。

土谷： 剥开之后，发现就这样子也不错，感觉和隔壁的建筑是差不多的意思。

长坂： 是的。就是说不需要想办法填入太多东西，尽可能只保留一个框架，然后在空地摆上家具就行了，这里的家具也是利用老房子拆下来的材料组装而成的。其实我是通过只做室内设计的方式，来完成空间的构建，一点一点地模糊边界，让人发觉"咦，这家店很早以前就有了吧？"进而觉得周边环境好像也不错。蓝瓶咖啡新宿店是个新建项目，这里的天花板、地板用的都是与商场公区相同的材料。这样一来，就会让人以为这是百货商店公区内的提供咖啡的柜台。如果按照通常的思路做，只有柜台内部才会是蓝瓶咖啡的色彩，这样做就会显得格格不入。而如果是将周围公区的视觉材质效果融入自己的地方，反而会有种更加拓宽了自己领地的感觉，也会更进一步提升周边环境，所以我决定利用这种方法。

土谷： 能拓宽自己的领地这点能够理解，不过连带周围也会感觉好起来，听完之后觉得的确如此。这两者［原本］是分开的。

长坂： 我觉得我就挺喜欢做这样的事情。当然，如果全部都从头开始做的话，要做到那种感觉不难。但我是只改动一部分，这样的能力应该是来自于大量的改造项目的经验。因为不自己创新，结果就不会令人满意，可是如果这样做，又会在某个时期碰到瓶颈，以至于产生很明显的新旧界限。如果是对已经存在的东西进行部分改造，那没改动的部分说不定也会变好，两者之间的界限也更容易消除，这样的话也会让其他人比较容易参与进来，或者说比较容易去引导人们。新建筑在某个时期大量建成，然后慢慢老化。"HANARE"这类的能让大家爱惜的项目也很不错，只不过我更喜欢能让人参与其中的建筑，我也认为这是今后亚洲越来越多的开发项目会采取的形态。最近和长冈贤明先生搭档的济州岛项目，就是对历史、设计都不同的多个建筑慢慢进行修改，在这样的项目里面，新旧的境界就显得很模糊了。

土谷：　如果是在城市也是一样，城市中稀松平常的东西，你会特意去寻找吗？

长坂：　我说不太准，在城市的话，比如说这附近的五六栋楼，我们用某种方法进行修缮，应该会呈现出类似的气质吧。如果只对其中一栋进行改建，那么修得再好，整个街区也不会因此而出现改变。但是在老街上，有一百两百幢老建筑物的时候，如果有那么五六幢经过修缮了，就会有种周围那一百幢都变好看了的感觉。而单独一幢，怎么做都没什么实际意义。更有可能让周围看上去感觉更差。所以，我才觉得那种城市再造的可能性非常的有趣。

土谷： 所以从这种意义上说这和基础公共设施的说法又是不同的事情了吧？

长坂： 是的。基本上就是希望把边界、模糊的重叠区打造成充满魅力的东西。希望一切能联系起来，也希望它能够经受住时间的考验。不是那种纯粹的"这就是我的作品、我的城市"这样强烈的感觉。而是潜移默化、慢慢地联系起城市，联系起空间的感觉，我喜欢的是这样的感觉。翻新项目的话，应该会更好入手。而要如何去创造这种感觉，首先是你自己要喜欢。具体来说，我认为可以以人的活动作为媒介，去制造出更多的中间地带。而带动那些人的源动力，就是"接口"。最近我们接了一项工作，站在商业立场，对某工程总包单位的设计提意见。看到那种规模的设计，我有了一些不可思议的发现。当你去追求人的自然流动，便会顺理成章地做出流线型的设计。他们依然是希望通过造型来表达人的流动，但是这种想法是不现实的。提案中说到，人们会在其中流动，像有机植物一样洄游，但是建筑本身是不会变动的，因此一点都不有机。如果是小型开发项目，倒还可以接受，而在这类国家级项目中，类似的方案竟然依旧通用。对此，我们极力反对，并提议设计"接口"。接口的形态不是十分有机，但它们的运动却是有机的，因此能够对人的冲动做出反应。

土谷：　我认为有机性的形态并不等于有机性。

长坂：　我也这么认为。但是，现今设计上的误区导致很多人认为有机性的形态就是有机性。

土谷：　是的，这是一个很有趣的话题。有机性越强，越是会形成僵硬的形态，因此也会变得固化。

长坂：　对，会变得很笨重。

土谷：　在几何学上是这样的。但是，却是有机性的，而且会变化。确实如此。

长坂：　所以我们正在尝试通过打造接口，来有机地激发人们的行动。而在我看来，有机行动的主体是人，而不是物体。

土谷：　当人的行动变得活跃，边界线就会……

长坂：　会变得模糊。重点是作为媒介的人。说到激发人的行动，如果是家具，力度需要稍微加强一点，如果是建筑则需要力度弱一点。因为我觉得这两者之间存在着第三种元素，它就是"接口"。我们一边满足顾客的需求，同时还要在一定程度上制作多个迂回通道。当然，家具可以做到这样的效果，只不过相对于家具而言，接口最重要的功能体现在它存在的期间可长可短，意即拥有一般人接触不到的重量。

土谷： 舒缓的边界，刚才也几度谈及，确实是会令人心情舒畅吧。

长坂： 是的。

土谷： 让人感到神清气爽。

长坂： 居酒屋、良心好店等并非赢在它们的店面设计上，而是赢在店内人们的笑颜以及可以让人们拥有放松心情的环境上。比如咖啡馆。我并不觉得需要强调设计格调，不应该过多地设计某些部分。我觉得那里不存在设计的必要性。但如果不使用格局设计，也就无法打造出肯定这种说法的理论，而且也会因为人们不具备保护城市非物质文化遗产的相关知识，而让老旧建筑毁于一旦。有历史意义的建筑或许能保留下来，而面对除此之外的建筑难以被保留这个事情，建筑师必须要能够用自己的声音去阐明其意义。这样去想时，如果建筑师不能很好地引导人 [的行动]，也许这也就不能实现。也就是在东日本大地震之后，我开始认为这也是设计的一部分，必须要认真对待。我在不断探求的过程中找到的解决方案之一就是"接口"。现在这个济州岛的项目是长冈贤明向我发出邀请，主要规划是在这一块，我们考虑通过"接口"来形成建筑物之间的互动，并改变旅游的形态。

土谷： 大概是多大的范围呢？

长坂： 二百几十平方公里，还是挺大的，因为相对而言济州岛地势平坦，是可以骑自行车环游的城镇。像首尔那边气候比较差，道路起伏较多，就比较难实现。而济州岛本身公共交通资源少，气候温暖，地形也较为平坦，因此更有利于打造一个通过自行车等代步工具完成观光再定义的项目。现在主要是在济州岛的这一块做设计。这块地原本是比较繁华的地段，业主刚来的时候，已经萧条了许多。所以他买下了几栋楼，打算一点一点翻修。来这里的人也几乎都是居民，出行都开车，所以马路上很少看到行人，甚至白天都安静得可怕。晚上则因为业主投资了几家饮食店，马路上会出现一点人气。但是人气也仅局限于店铺区域，整个片区并没有因为这几家店的出现而变得热闹。稍微远一点的市场倒是人挺多的。现在我们计划在这里盖一栋楼，引入"D & DEPARTMENT"店铺、酒店，同时还对城市全体的未来规划做出提案，希望这个方案可以覆盖到整个小岛。

土谷： 是原来就有的建筑吗？

长坂： 有一些旧的建筑，其中有一些被这位业主买下。我们计划利用这些建筑去设定人的活动动向。将地面一层空间连成广场，做成供人们交流的场所。

土谷： 这些线是什么意思？

长坂： 这个就是模仿来往行人的感觉了，这里是美术馆，把美术馆的一侧向外打开，和这个小路连接起来，这里也造一个像停车场一样的对外开放空间，整个城镇就会成为一个可以在平面上洄游的场所。我想要设计的就是这样一个地方。整个面积挺大的，其中有艺术家工作室那样的展示空间，也有可以住宿的地方。在这里，作家可以营业可以住宿，还可以给游客讲解各种各样的技艺。至于内容，可以是当地的手工艺、艺术之类的东西，留下这片土地的一些特征。这跟"D&DEPARTMENT"在做的事是一样的，京都有京都的特色，东京有东京的不同，我们不会将所有的城市都套进同一种模式，而是充分结合每个地方的特征，帮它们依靠自己的能力来获得成长。在这项计划中，我们结合观光元素，吸引游客长期居住，以期打造出高强度的内容。济州岛是饮食文化丰富的地区，所以要突出以饮食生活为中心的地区优越性。为此，在设计的时候就要考虑到民众的活动轨迹，比如骑着自行车去农家、农场体验，在那里住一周，整个程序覆盖到整个济州岛，所以我们计划先在这个地区造一些建筑。

土谷： 外出去农家之类的地方，是以这里为起点吗？还是别的城镇？

长坂：　我们打算把这个地方当成中心，因为它离机场很近，地理位置很有利。未来海边也有邮轮码头，它有可能会成为游客集散地。

土谷：　是一个可以顺道停留的地方。

长坂：　这个小岛是一个火山岛，中心有标高 1950 米的汉拿山，向四周形成平缓的坡度。以这座山为中心的话，既可以沿着山路欣赏到山林景观，又可以欣赏到同心圆外侧的海景，所以我们考虑在上面设几个集散点，方便一般游客骑着自行车观光。

土谷：　据点。

长坂：　把它们当成据点。

土谷：　在骑自行车可以到的范围内。

长坂：　我们有打算建一个那样的地方。当然，住宿设施在岛上其他地方也有，所以与其全部由我们自己来做，不如跟一些旅馆合作。在最低限度的几个景点配备齐全住宿设施就可以了，现在正在谈合作。

土谷：　如果这些据点做成了，那么就可以通过 6 个小点牵动整片地区。

长坂：　是啊。如果进行这样的改造，周围就会看上去更有魅力了，就会吸引更多人、更多商户过来。

土谷： 确实如此。

长坂： 我们正在和长冈贤明一起合作一系列的项目，比如中国的
碧山项目，一个拥有古老建筑的地方。中国的一部分大型
城市已经具备了世界级别的文化水平，但与此同时，乡村
的许多部分还处于落后的阶段，城市与乡村之间的巨大差
距已经成为一个大问题。城市快速发展、传统文化流失，
地方乡村的生活依然处于较低的水平。于是我们开始探讨
如何去缩短两者之间的差距。当然我们也知道，城市经济
发展再快，其经济实力也不足以应对改善所有乡镇地区的
生活水平，所以更多的还是需要靠乡镇地区自主地追上发
展速度，缩短差距。我们也看到，城市中很难再见到的某
些传统文化，反而通过乡镇的建筑体可以得到完整地保留。
碧山就是这样的一个地方，我们希望能用当地的传统文化
作为武器，撬动乡镇地区的更新与再生。这就是消灭差距。
所谓差距，是指城市里不复存在的，恰是乡村所拥有的文
化以及历史悠久的古老建筑。我们要以之为武器，积极创
造出一个能够消灭差距的契机。这就是刚才说的那个计划。

土谷： 这是什么？

长坂： 这是城镇。

土谷： 新的城镇。

长坂： 这边是碧山的老街，上下水管什么的根本不够用。如果游客能够住到这里，就会带来修缮所需的资金来源，这样一来，当地政府也可以凭借自己的力量一点点完成乡镇更新。感觉我们参与到了中国乡镇更新构想的一小部分工作之中。这么一个小小的镇子，大概原本就是为了保护镇子的安宁，防止外来车辆进入而修了这些小路吧。古老建筑的聚集地区，有着坚硬的外墙，中间有天井，只有这里才能透进光线。虽然它保留了院子的形式，但看上去很冷。不仅如此，出水也是一个很大的问题，有途中会变成冷水之类的隐忧，我们考虑用这次改建项目来做出改善居住环境的示范，供附近的居民模仿。这样的话，乡镇也会慢慢得到更新。我们不考虑做出一次吸引大批游客的解决方案，所以才选择了打造参考样板的形式。尤其是隔热施工与设计之间的关系，需要我们重点考虑。因为这一部分较为偏离现代，如果想要吸引普通游客，就必须改善这一方面。

土谷： 会很难吧。

长坂： 然后，又要如何把创意和实际联系起来制作呢？先要举办工作坊，比如安排刚才的济州岛厨师来这里住宿，制作料理，还有从日本来的手工艺人，在这里开画廊卖商品，然后住在上面，同时也会进行文化交流。来这里的人们，像从东京来的人们吃员工餐那样，会好好地互相交流文化。

土谷：　刚才说到院子，这是院子吗？

长坂：　是的。这儿是天井，冬天也开着。

土谷：　这儿是天井啊。这里呢？

长坂：　这里是院子。

土谷：　院子，风从整个屋子穿过啊。

长坂：　有院子，这里也有小路，这里就是这样的。已经变得像城
　　　　堡一样了吧。

土谷：　好像迷宫一样。并且，这边这个好像透不进风。然后，这
　　　　边是开着的。这个虚线呢？

长坂：　现在正在讨论如何设计计划中的那个屋檐。

土谷：　跟这个房子整体相比，这个院子可真大啊。

长坂：　是很大。现在就是这种从内侧采光的构造，就像京都的町屋。

土谷：　它跟四合院不一样，并没有原型，住宅是相对独立的，你
　　　　们是打算在旁边的空地设计新的建筑？建筑物会像这样连
　　　　成一体吗？

长坂：　对，形成一个整体。

土谷：　同步完成？

长坂：　是的。刚才的照片找到了。

土谷：　这个真有意思。很少见到这样的呢，逐渐地连成一片。

长坂：　是的是的。所以，界线已经开始模糊不清了，这个是院子。

土谷：　这个院子里也一样，不知道谁为谁服务。也有双方共同受益的。不做出来［界限］反而很有意思呢。

长坂：　这里我们一般都有餐厅，这里有画廊，上面有可以住宿的设施，艺术家们来这里就可以在展示的同时解决住宿问题。

土谷：　这些房子的业主不是同一个人吧?

长坂：　不，是同一个人。

土谷：　那么，这个院子本身就是设计成供一户人家使用的样式。

长坂：　是的。采用的是这里独特的［建筑造型］，这样让光线……

土谷：　落下来。

长坂：　落下来，到了夜晚月亮会显得更加明亮，保留这种造型对这个地区的人来说是很重要的习惯。不过，正因为这样，会感到特别冷，有时还会下雪什么的。我们要考虑如何做到既保留这些特色，又兼顾温度环境，这是我们应该研究的问题，因为如果美好的过去和现代生活这两者无法兼备，旅客就不会来了。他们不会愿意住这么冷的地方。现在我们正在思索的便是这个［问题］的解决对策。所以，我们现在在这座城里设计了两处，其中一家"D & DEPARTMENT"已经开业了，我们希望让整个城市都有宾馆一样的感觉，促进人流量循环。

土谷： 现在计划做两处是吗？

长坂： 一个是"D & DEPARTMENT"，还有另外一个规划。

土谷： 和另一处是吧。

长坂： [D & DEPARTMENT] 附近还有一家小餐馆，带着一个小小的院子，然后，另一个项目中有一个"d room"，是一个供游客住宿的宾馆。

土谷： 是"D&D"设计吗？

长坂： "D&DEPARTMENT"监修，设计是由我们做的。

土谷： 听起来很有意思。

长坂： 现在，我们正在做的两个项目，既是建筑物，也可以算是一种移动的媒体，我对这些东西是怎么运作，怎么被运作很感兴趣。

土谷： 媒体？

长坂： 媒体，或者说是媒介，介于两者之间的东西吧。比如建筑与建筑之间，我们会通过调整建筑来让整体变得更加丰富，但仅靠建筑又是不够的，如何让它动起来呢？其实就是要用到接口。我想要建造的就是这样的城市。

土谷： 听起来很有意思。

长坂： 这些资料全部都发一份吧，刚刚看的演讲资料。

土谷： 好啊。其实我现在关注的不仅仅是中国。城市建设这件事，确实需要天长日久的积累。所以我完全明白，新城镇的建设不可能一帆风顺。[按照规划]一次性做好之后，也造不出规划中描述的宜居城镇，因为时间轴在这个过程中是停止不动的。城市是用来居住的，因此需要基于漫长的时间轴来打造，并对早已形成很久的漫长时间轴进行延长，而延长时间轴的方法是需要不断试错的。我在印度尼西亚参与过东京大学的冈部明子老师带领的贫民区更新项目，那时是先做出一个小型的改造范本，慢慢地周边的居民也开始模仿这种改造方法。近距离观察过这种考虑到时间轴因素的项目后，我越来越发觉，这类方法还是挺有必要的。

长坂： 是啊。

土谷： 虽然渐渐产生变化了，但是大家还是住在一起的，所以大家应该会一起考虑要不要聚集。如果真是那样，虽然不会一下子改变，但我相信应该也不会花太久时间。大概，花个 5 年、10 年左右吧，同时又觉得，应该需要挺长时间的。

长坂： 价值观的培养也需要时间，一下子做出来，一下子吸引来很多游客，一下子改变了整个风气，我想远不如花时间慢慢做，让它自己慢慢成长的效果来得好吧。

土谷： 是的，会变化的。这会是一种有益的进化。

长坂： 所以，我觉得那样的城市建造法、改造法其实更有趣。

土谷： 有意思。

长坂： 我感觉现在整个亚洲都在追求这种氛围。

土谷： 最近我发现，尽管现在整个亚洲都出现了这类趋势，这是好事，而不好的一面就是好像老城一下子就失去大家的喜爱了。日本还会在废旧的过程中做一些笨拙的加工，比如去乡下就会看到一些铝窗框，人们尽力在追赶东京的样式和品质，但中国有些乡村就真的有一种原生的感觉。这种现象很有意思，也让人看到了某些正面的东西——存在许多潜力，结合当今的现代嗅觉，可以很容易地从中找到有趣的元素。

长坂： 这可真可以说是〔城市和乡村的收入〕差距带来的结果呢。每天花的钱也有很大的差距吧。

土谷： 差很多的，确实差很多。10 倍到 100 倍，我想想，农民一年的收入大概也就 15 万〔日元〕吧，大学毕业生年薪有 200 万〔日元〕左右。

长坂： 但是现在，还有一些更好一点的地方。比如，上海。

土谷： 大概，大学毕业时是那样的，不过，稍微升职后就会有近 1000 万日元。

长坂： 房租什么的，和日本差不多。比如上海的房租就很贵。

土谷： 但是，从房租的占比来看，可以说收入还是相对较低的。

从这点来说，中国的薪资水平确实未算高，大概是日本的一半吧。不过对于买房这件事的看法就不太好理解，因为大家都觉得这是稳赚不赔的买卖，都觉得等涨了再卖不就好了。因此即使人们收入支出不平衡，即便贷款也还是要买房。这种状况其实是来源于人们对潜在资产、对于房价增值的期待。毕竟 1.5 亿〔日元〕的房子，一般人哪里买得起呢。从长远来看，泡沫总会被挤掉的，因为〔房价〕和收入不成比例。

长坂： 是呢。我觉得从这一点来看，我们所提倡的这类接地气的项目，会带来不错的效果。

土谷： 没错，很有意思。期待看到你们的作品。

图片摄影师 © 索引

以英文首字母排序

张永军

2020. 09. 03.

我年纪尚小的时候，因为长得比较高大，而且没碰到过太大的难关，总是对自己抱有过度的自信。但是那时候的自己也是有些矛盾的，比如我在读小学低年级时，经常会在和哥哥吵架的时候被气哭，却又自信地以为自己一定能打赢电视机中出现的职业摔跤手；睡觉时常常梦见自己张开双臂，像高空翱翔的小鸟那样自由飞翔，于是以为即便从高楼坠落也不会因此而一命呜呼。但是当我站在 12 层公寓楼的逃生楼梯上，又会不自觉地双腿发颤。我至今仍然保留着这些记忆，这都是我走过的路，可能现在我的内心深处仍然有这种感受。不然我也不会本科刚毕业就独立开工作室。所以那时 l 刚毕业 l 的我可能跟我现在每天训斥的新员工没什么不同。然而像我这样的家伙们却堂而皇之地拿着名片去找人要项目，可想而知，一开始吃了很多闭门羹。从那时候算起也已经过去 21 年了，我是不是又有什么"自信心膨胀"之处呢？我自己也不是很清楚。另外我之所以成为现在的我，还有一个很重要的原因。我父亲是一名物理老师，小时候每当我跟他说"我想……"的时候，他总是会问我"为什么"，他的问题总会让我开始思考答案。后来即便父亲不问我，我也养成了自己问自己为什么的习惯，所以哪怕到了现在，我也持续关注着尚未得出解答的世界，并且享受着这个过程。

今年我 48 岁，创立的事务所已经进入了第 21 个年头。

聽松文庫
tingsong LAB

出　　品｜听松文库
出版统筹｜朱锷
外封设计｜汪阁
内封设计｜小矶裕司
设计制作｜汪阁
翻　　译｜蔡萍萱
翻　　译｜邬乐 [编者序中译英]
法律顾问｜许仙辉 [北京市京锐律师事务所]

图书在版编目(CIP)数据

半建筑 / 长坂常著；蔡萍萱译. -- 上海：上海人
民美术出版社, 2021.1
ISBN 978-7-5586-1741-6

Ⅰ.①半… Ⅱ.①长… ②蔡… Ⅲ.①建筑设计－研
究 Ⅳ.①TU2

中国版本图书馆CIP数据核字(2020)第152887号

半建筑

著　　者　　长坂常
翻　　译　　蔡萍萱
责任编辑　　包晨晖 郑舒佳
技术编辑　　王　泓
出版发行　　上海**人民美術出版社**
社　　址　　上海市长乐路672弄33号
印　　刷　　天津图文方嘉印刷有限公司
开　　本　　889×1194　1/32
印　　张　　9.125
版　　次　　2021年1月第1版
印　　次　　2021年1月第1次印刷
书　　号　　ISBN 978-7-5586-1741-6
定　　价　　108.00元